AF666944

ZEITSCHRIFT FÜR ANGEWANDTE GEOLOGIE

HERAUSGEGEBEN VOM
ZENTRALEN GEOLOGISCHEN INSTITUT
IM AUFTRAG DES
STAATSSEKRETARIATS FÜR GEOLOGIE

AUS DEM INHALT

AKADEMIE-VERLAG · BERLIN

BAND 16 / HEFT 9/10
SEPTEMBER/OKTOBER 1970
SEITE 381—436

	INHALT	СОДЕРЖАНИЕ	CONTENTS	

Redaktionsbeirat

Prof. Dipl.-Berging. K. BÜHRIG, Nordhausen — Prof. Dr. O. GEHL, Schwerin — Prof. Dr. R. HOHL, Halle (Saale) — Prof. Dr. E. KAUTZSCH, Berlin — Prof. Dr. R. LAUTERBACH, Leipzig — Dr. R. MEINHOLD, Freiberg (Sa.) — Dr. G. NOSSKE, Leipzig — Dr. H. REH, Jena — Prof. Dr. H. J. RÖSLER, Freiberg (Sa.) — Prof. Dr. A. WATZNAUER, Freiberg (Sa.) — Prof. Dr. R. WIENHOLZ, Gommern.

Die ZEITSCHRIFT FÜR ANGEWANDTE GEOLOGIE berichtet ständig über folgende Arbeitsgebiete: Geologische Grundlagenforschung und Lagerstättenforschung / Methodik der geologischen Erkundung / Ökonomie und Planung der geologischen Erkundung / Technik der geologischen Erkundung / Geologie und Lagerstättenkunde im Ausland. In der Zeitschrift können alle strittigen Fragen der praktischen Geologie behandelt werden. Die Autoren übernehmen für ihre Aufsätze die übliche Verantwortung.

ZEITSCHRIFT FÜR ANGEWANDTE GEOLOGIE

Träger der Ehrennadel in Gold der Gesellschaft für Deutsch-Sowjetische Freundschaft

KOLLEKTIVE CHEFREDAKTION

Dr. K. KAUTER (Redaktionssekretär)
Prof. Dr. F. STAMMBERGER
Dr. habil. G. TISCHENDORF

Band 16 · September/Oktober 1970 · H. 9/10

Informationsverarbeitende Systeme in der Grundwasserhydraulik

KARL-FRANZ BUSCH, Dresden, DIETMAR PEUKERT, Berlin, & LUDWIG LUCKNER, Dresden

1. Problemstellungen

1.1. Allgemeine Problematik

In vielen hochentwickelten Industrieländern besteht ein Mißverhältnis zwischen dem natürlichen Wasserdargebot und dem Wasserbedarf der Industrie, der Landwirtschaft und der Bevölkerung. In kaum einem Industrieland der Welt ist dieser Widerspruch so ausgeprägt wie in der DDR. Der Mangel am Rohstoff Wasser führt schon heute in einigen Industrieländern oder -gebieten während ausgeprägter Trockenzeiten zu Produktionsausfällen und Produkten minderer Qualität.

Das gleiche trifft auch für die Produktion landwirtschaftlicher Erzeugnisse zu. Diese Situation wird sich in den kommenden Jahren im Zusammenhang mit der ständig wachsenden gesellschaftlichen Reproduktion weiter verschärfen, so daß der Wassermangel immer mehr zu einem hemmenden Faktor der wirtschaftlichen Entwicklung vieler Länder werden kann. Auch die künftige Entwicklung der Volkswirtschaft der DDR wird in entscheidendem Maße davon abhängen, inwieweit es uns gelingt, den Wasserbedarf der Wirtschaft und der Bevölkerung hinsichtlich der Menge und der Güte heute und in Zukunft zu decken.

Dabei wird, wie auch in vielen anderen Ländern, der Wassergewinnung aus dem Untergrund, der unterirdischen Wasserspeicherung und der Bewirtschaftung ganzer Grundwasserleiter, der Infiltration von Oberflächenwasser in den Untergrund sowie der Errichtung großer Wasserbauwerke mit ihren speziellen Unterströmungsproblemen immer größere Bedeutung zukommen. Darüber hinaus erfordert der gesellschaftliche Reproduktionsprozeß ständig größere Eingriffe in das natürliche unterirdische Abflußgeschehen. Es sei hier nur an die oftmals riesigen Entwässerungsmaßnahmen für Tagebaue erinnert, die ausgedehnte Gebiete landeskulturell verändern.

1.2. Spezielle Problematik

Schon aus den im Abschnitt 1.1. gemachten kurzen Ausführungen läßt sich erkennen, daß der gesellschaftliche Reproduktionsprozeß Steuermaßnahmen bedingt, die — im hier interessierenden Fall — Eingriffe in das natürliche unterirdische Fließgeschehen des Wassers bedeuten. Jeder dieser Eingriffe kostet gesellschaftliche Arbeit und somit Geld und nützt nur dann der Gesellschaft, wenn er richtig ist, führt aber häufig zu unermeßlichen Schäden, wenn er falsch ist. Die Eingriffe in die Natur werden vom Menschen festgelegt, der sich bewußt über den natürlichen Zustand informiert und über den Weg der Verarbeitung der erhaltenen Informationen die notwendigen Steuerungsmaßnahmen bestimmt. Ist der Eingriff erfolgt, so kann der Mensch durch die erneute Informationsaufnahme — die Rückinformation — einschätzen, ob der Eingriff richtig oder falsch gewesen ist (Soll-Ist-Vergleich).

Es ist letztlich das Ziel aller wissenschaftlichen und ingenieurtechnischen Tätigkeit, Eingriffe in die Natur richtig und effektiv zu gestalten. Dies ist jedoch nur möglich, wenn richtige Informationen in ausreichendem Maße zur Verfügung stehen und außerdem die Verarbeitung dieser Informationen richtig erfolgt.

Zur Gewährleistung einer richtigen Informationsaufnahme sind umfassende Kenntnisse über den natürlichen unterirdischen Strömungsvorgang im Großraum, die zweckmäßige meßtechnische Erfassung der Grundwasserverhältnisse und der hydrotechnischen Eigenschaften der strömenden Flüssigkeiten und Gase sowie des Strömungsleiters unbedingt erforderlich. Die Summe der benötigten Informationen wird von den Möglichkeiten bestimmt, die die Informationsverarbeitung bietet. Es sind natürlich nur solche Informationen und mit einer solchen Genauigkeit sinnvoll, deren Verarbeitung auch garantiert werden kann. Eine effektive Informationsaufnahme ohne genaue Kenntnis ihrer weiteren Verarbeitung ist somit nicht möglich.

Die einfachste Informationsverarbeitung (Abb. 1) erfolgt durch das menschliche Gehirn allein. Auf der Grundlage von Informationen und Erfahrungen (Summe der Soll-Ist-Vergleiche) ist der Mensch in der Lage, ein Urteil über die einzuleitenden Maßnahmen abzugeben (Weg I in Abb. 1). Diesem ersten Weg der Informationsverarbeitung ist in der Grundwasserhydraulik eine sehr große Bedeutung beizumessen. Viele Fachleute stützten sich in der Vergangenheit fast ausschließlich auf diese Möglichkeit und korrigierten gegebenenfalls mit Hilfe der Rückinformation die Steuergrößen iterativ.

Eingang des Manuskripts in der Redaktion: 6. 5. 1970.
Beitrag aus der Gemeinsamen Forschungsgruppe „Grundwasserhydraulik" des Instituts für Wasserwirtschaft, Berlin, und der Sektion Wasserwesen der Technischen Universität Dresden.

Die Eingriffe in das natürliche Fließgeschehen des unterirdischen Wassers werden aber immer größer. Viele Staaten investieren gegenwärtig riesige Beträge in Vorhaben, deren Planung sich in mehr oder minder starkem Maße auf die Vorhersage der eintretenden unterirdischen Strömungsverhältnisse stützt. Für viele dieser Großmaßnahmen reichen die Erfahrungen nicht mehr aus, und eine Korrektur nach dem Verfahren von „trial and error" ist zu teuer, dauert zu lange, erschwert eine Investitionsplanung oder ist bei instabilen Systemen völlig unmöglich. Es ist deshalb heute unumgänglich, die Steuergrößen auf wissenschaftlicher Basis zu berechnen.

Jede Berechnung einer Erscheinung setzt ihre mathematische Beschreibung voraus. Diese Beschreibung, die das Verhalten der Originalerscheinung mit Hilfe mathematischer Zeichen im wesentlichen genau widerspiegelt, wird als mathematisches Modell bezeichnet. Im allgemeinen wird das mathematische Modell mit zunehmender Widerspiegelungsgenauigkeit komplizierter und dann häufig nur mit sehr großem Aufwand lösbar oder sogar gänzlich unlösbar.

Das mathematische Modell der unterirdischen Wasserbewegung besteht aus einem System partieller Differentialgleichungen (BUSCH & LUCKNER 1967, 1969), das im allgemeinen erst nach einer Vereinfachung lösbar wird (Tab. 1). Hierfür ist eine Schematisierung der natürlichen und technisch-technologischen Gegebenheiten unumgänglich. Das mathematische Modell kann auf analytischem oder numerischem Wege gelöst werden (Weg II in Abb. 1). Die Ergebnisse müssen Aufschluß über den vorzunehmenden Eingriff geben. Während die analytische Lösung vom Fachmann meist ohne größere technische Hilfsmittel vorgenommen werden kann, erfordert die praktische Handhabung numerischer Lösungen in der überwiegenden Zahl der Fälle den Einsatz von Digitalcomputern.

Eine dritte Möglichkeit zur Bestimmung der Steuergrößen bietet das Analogieversuchswesen (Weg III in Abb. 1). Bei der Untersuchung einer Erscheinung mit Hilfe analoger Modellversuche sucht man eine zweite, oftmals ganz unterschiedliche physikalische Erscheinung, die von einem mathematischen Modell beschrieben wird, das dem mathematischen Modell der Originalerscheinung analog ist. Analoge Erscheinungen sind dadurch gekennzeichnet, daß jeder Größe oder Größengruppe des mathematischen Modells des Originals eine Größe oder Größengruppe des mathematischen Modells des Modellvorgangs entspricht. Diese Zuordnung muß dabei eindeutig und umkehrbar sein (Tab. 2 und 3). Aus diesen Entsprechungen lassen sich die Maßstabsbeziehungen zwischen beiden Erscheinungen ableiten.

Unter Beachtung der Maßstabsbeziehungen kann nun der Modellversuch ausgeführt werden. Er löst das mathematische Modell durch das Experiment, was gleichbedeutend mit einer Integration des mathematischen Gleichungssystems ist. Natürlich ist ein Analogiemodell nur dann sinnvoll, wenn es im Experiment leichter realisiert werden kann als sein Original. Neben Spaltmodellen (BUSCH, PEUKERT u. a. 1968; PEUKERT 1969) besitzen zur Lösung von Grundwasserströmungsproblemen elektrische Kontinuummodelle (BUSCH, HACKESCHMIDT u. a. 1968 b), elektrische Netzwerke (BUSCH & LUCKNER 1968 b) und Analogrechner (LUCKNER, QUAST u. a. 1970) bisher die größte Bedeutung. In geringerem Umfang werden auch physikalisch ähnliche Modelle, wie Sand- und Kugelmodelle, zur Berechnung von Grundwasserströmungsproblemen benutzt (BUSCH & LUCKNER 1968 a).

Das in Abb. 1 gezeigte Schema informationsverarbeitender Systeme verdeutlicht, daß keiner der drei Wege bei der Informationsverarbeitung,

die Beurteilung,
die mathematische Verarbeitung und
die modelltechnische Verarbeitung,

die anderen beiden Wege negiert. Die Auswahl des Weges erfolgt deshalb allein nach dem Gesichtspunkt der Zweckmäßigkeit, was naturgemäß eine genaue Kenntnis aller drei möglichen Wege voraussetzt. Die Parallelität und relative Unabhängigkeit der drei Wege ermöglichen eine logische Prüfung der Richtigkeit der geplanten Eingriffe. So ist es möglich, daß der erfahrene Fachmann durch Beurteilung grobe mathematische oder versuchstechnische Fehler aufdecken kann. Für große Investitionsvorhaben wird man stets bestrebt sein, die einzuleitenden Maßnahmen sowohl mathematisch als auch versuchstechnisch zu bestimmen und beide durch Beurteilung des erfahrenen Fachmanns zu prüfen.

Letztlich zeigt natürlich erst die Praxis, ob sich ein Eingriff als richtig erwiesen hat. Die genannten vergleichenden Prüfungen schränken aber — entsprechend unserem jeweiligen Wissensstand und den technischen Möglichkeiten — die Gefahr des falschen Eingreifens erheblich ein.

Nur eine enge Zusammenarbeit von Praktikern, Technikern und Wissenschaftlern dürfte künftig verhindern, daß die ständig größer werdenden Eingriffe in die natürlichen Verhältnisse die umfassende Nutzung der Naturschätze als Quelle unseres gesellschaftlichen Reichtums nicht ernsthaft gefährden.

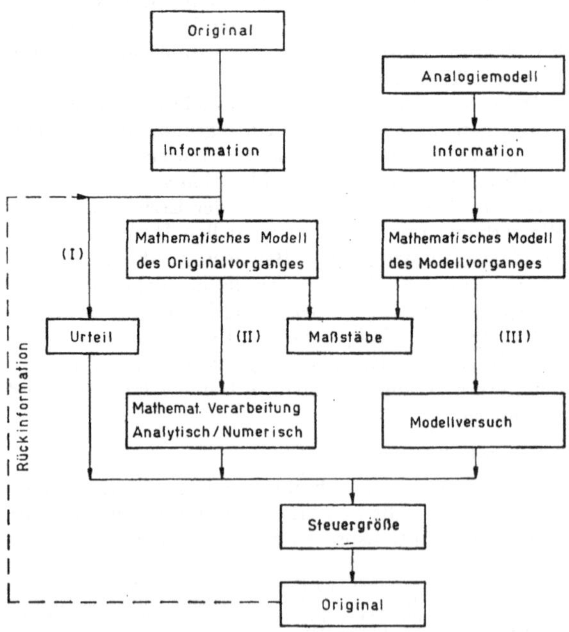

Abb. 1. Schema der Informationsverarbeitung

Tab. 1. Mathematisches Modell der Grundwasserbewegung (ohne Nennung der Randbedingungen)

Kraftgleichgewichtsgesetz (Grundgleichung)	Massenerhaltungsgesetz (Feldgleichung)
(1) räumliche Grundwasserbewegung	
$\vec{v} = -\vec{\vec{k}} \cdot \frac{\partial h}{\partial \vec{r}}$ 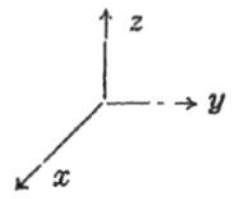	$\operatorname{div} \vec{v} = -S_0 \cdot \frac{\partial h}{\partial t}$ $v_z - v_x \cdot \frac{\partial z_R}{\partial x} - v_y \cdot \frac{\partial z_R}{\partial y} = n_0 \cdot \frac{\partial z_R}{\partial t} - v_N$
(2) vertikalebene Grundwasserbewegung	
$\vec{q}^b = -(\vec{\vec{k}} \cdot b) \cdot \frac{\partial h}{\partial \vec{r}}$ 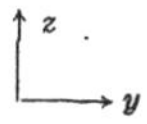	$v_x = 0$ $\operatorname{div} \vec{q}^b = -(S_0 \cdot b) \cdot \frac{\partial h}{\partial t}$ $q_z^b - q_y^b \cdot \frac{\partial z_R}{\partial y} = (n_0 \cdot b) \cdot \frac{\partial z_R}{\partial t} - q_N^b$
(3) vertikalrotationssymmetrische Grundwasserbewegung	
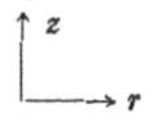 wie (2) — aber unter Berücksichtigung von $b = b(r)$ $\vec{v} = -\vec{\vec{k}} \cdot \frac{\partial h}{\partial \vec{r}}$	es treten nur v_z und v_r auf $\frac{\partial v_r}{\partial r} + \frac{1}{r} \cdot v_r + \frac{\partial v_z}{\partial z} = -S_0 \cdot \frac{\partial h}{\partial t}$ $v_z - v_r \cdot \frac{\partial z_R}{\partial r} = n_0 \cdot \frac{\partial z_R}{\partial t} - v_N$
(4) horizontalebene Grundwasserbewegung	
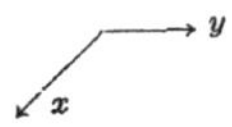	$v_z = 0$
mit GIRINSKIJ-Potential $\vec{q}^z = -\vec{\vec{k}} \cdot \frac{\partial \Phi}{\partial \vec{r}}$	$\frac{\partial q_x^z}{\partial x} + \frac{\partial q_y^z}{\partial y} = -S \cdot \frac{\partial z_R^*}{\partial t} + v_N$
mit DUPUIT-Annahme $\vec{q}^z = -\vec{\vec{T}} \cdot \frac{\partial h}{\partial \vec{r}}$	$\frac{\partial q_x^z}{\partial x} + \frac{\partial q_y^z}{\partial y} = -S \cdot \frac{\partial h}{\partial t} + v_N$
(5) eindimensionale Grundwasserbewegung	
$q_y^z = -k_y \cdot \frac{\partial \Phi}{\partial y}$  bzw. $q_y^z = -T_y \cdot \frac{\partial h}{\partial y}$	$\frac{\partial q_y^z}{\partial y} = -S \cdot \frac{\partial z_R^*}{\partial t} + v_N$ $\frac{\partial q_y^z}{\partial y} = -S \cdot \frac{\partial h}{\partial t} + v_N$
rotationssymmetrisch: $q_r^z = -k_r \cdot \frac{\partial \Phi}{\partial r}$  bzw. $q_r^z = -T_r \cdot \frac{\partial h}{\partial r}$	$\frac{\partial q_r^z}{\partial r} + \frac{q_r^z}{r} = -S \cdot \frac{\partial z_R^*}{\partial t} + v_N$ $\frac{\partial_r^z}{\partial r} + \frac{q_r^z}{r} = -S \cdot \frac{\partial h}{\partial t} + v_N$

2. Die wichtigsten modernen Möglichkeiten der Informationsverarbeitung auf dem Gebiet der Grundwasserhydraulik und ihre Anwendungsbereiche

Aus der Notwendigkeit einer verbesserten Informationsverarbeitung in der Grundwasserhydraulik heraus wurden von der Gemeinsamen Forschungsgruppe „Grundwasserhydraulik" des Instituts für Wasserwirtschaft, Berlin, und der Sektion Wasserwesen der Technischen Universität Dresden in jüngster Zeit neue Modellsysteme und Rechenprogramme entwickelt, die die Grundlage für eine moderne Informationsverarbeitung für das unterirdische Wasser bilden. Nachfolgend sollen die Prinzipien und die Bedeutung einiger dieser Systeme vorgestellt und besprochen werden.

Tab. 2: Analogiebeziehungen zwischen der Grundwasserbewegung und den Strömungen in den wichtigsten Analogiemodellen

	Grundwasserströmung (0)	Viskose Strömung (s) (Spaltmodelle)	Elektrischer Stromfluß (E) (Papiermodelle und elektrolytischer Trog)	Filterströmung (M) (Sand- und Kugelmodelle)
Gesetz von der Erhaltung der Energie (Kraftgleichgewichtsgesetz)	räumliche Strömung:			
	$\vec{v}^0 = - \overset{\rightrightarrows}{k}{}^0 \cdot \frac{\partial h^0}{\partial \vec{r}^0}$	ohne Entsprechung	$\vec{j} = - \overset{\rightrightarrows}{\sigma} \cdot \frac{\partial \overline{U}}{\partial \vec{r}^E}$	$\vec{v}^M = - \overset{\rightrightarrows}{k}{}^M \cdot \frac{\partial h^M}{\partial \vec{r}^M}$
	vertikalebene Strömung:			
	$(\vec{q}^b)^0 = - (\overset{\rightrightarrows}{k}{}^0 \cdot b^0) \cdot \frac{\partial h^0}{\partial \vec{r}^0}$	$(\vec{q}^b)^s = - \frac{g\,(b^s)^3}{12\nu} \cdot \frac{\partial h^s}{\partial \vec{r}^s}$	$(\vec{j} \cdot d^E) = - (\overset{\rightrightarrows}{\sigma} \cdot d^E) \cdot \frac{\partial \overline{U}}{\partial \vec{r}^E}$ mit $(\overset{\rightrightarrows}{\sigma} \cdot d^E) = (1/\overset{\rightrightarrows}{R}q)$	$(\vec{q}^b)^M = - (\overset{\rightrightarrows}{k}{}^M \cdot b^M) \cdot \frac{\partial h^M}{\partial \vec{r}^M}$
	vertikalrotationssymmetrische Strömung:			
	$(\vec{q}^b)^0 = - (\overset{\rightrightarrows}{k}{}^0 \cdot 2\pi r^0) \cdot \frac{\partial h^0}{\partial \vec{r}^0}$	$(\vec{q}^b)^s = - \frac{g\left(C \cdot \sqrt[3]{r^s}\right)^3}{12\nu} \cdot \frac{\partial h^s}{\partial \vec{r}^s}$	$(\vec{j} \cdot c \cdot r^E) = - (\overset{\rightrightarrows}{\sigma} \cdot c \cdot r^E) \cdot \frac{\partial \overline{U}}{\partial \vec{r}^E}$	$(\vec{q}^b)^M = - (\overset{\rightrightarrows}{k}{}^M \cdot c \cdot r^M) \cdot \frac{\partial h^M}{\partial \vec{r}^M}$
	horizontalebene Strömung:			
	— mit Einführung des GIRINSKIJ-Potentials: $(\vec{q}^z)^0 = - \overset{\rightrightarrows}{k}{}^0 \cdot \frac{\partial \Phi}{\partial \vec{r}^0}$	↑ $(q^b)^s = - \frac{g\,(b^s)^3}{12\nu} \cdot \frac{\partial h^s}{\partial \vec{r}^s}$ ↓	↑ $(\vec{j} \cdot d^E) = - (\overset{\rightrightarrows}{\sigma} \cdot d^E) \cdot \frac{\partial \overline{U}}{\partial \vec{r}^E}$ ↓	ohne praktische Bedeutung
	— mit DUPUIT-Annahmen: $(\vec{q}^z)^0 = - \overset{\rightrightarrows}{T}{}^0 \frac{\partial h^0}{\partial \vec{r}^0}$			$(\vec{q}^z)^M = - \overset{\rightrightarrows}{T}{}^M \cdot \frac{\partial h^M}{\partial \vec{r}^M}$
...feldes	räumliche Strömung:			
	$\frac{\partial v_x^0}{\partial x^0} + \frac{\partial v_y^0}{\partial y^0} + \frac{\partial v_z^0}{\partial z^0} = - S_0^0 \cdot \frac{\partial h^0}{\partial t^0}$	ohne Entsprechung	$\frac{\partial j_x}{\partial x^E} + \frac{\partial j_y}{\partial y^E} + \frac{\partial j_z}{\partial z^E} = 0$	$\frac{\partial v_x^M}{\partial x^M} + \frac{\partial v_y^M}{\partial y^M} + \frac{\partial v_z^M}{\partial z^M} = 0$
	vertikalebene Strömung:			
	$\frac{\partial (q^b)_y^0}{\partial y^0} + \frac{\partial (q^b)_z^0}{\partial z^0} = - (S_0^0 \cdot b^0) \cdot \frac{\partial h^0}{\partial t^0}$	$\frac{\partial (q^b)_y^s}{\partial y^s} + \frac{\partial (q^b)_z^s}{\partial z^s} = 0$ (1 a)	$\frac{\partial (j \cdot d^E)_y}{\partial y^E} + \frac{\partial (j \cdot d^E)_z}{\partial z^E} = 0$ (1 a)	$\frac{\partial (q^b)_y^M}{\partial y^M} + \frac{\partial (q^b)_z^M}{\partial z} = 0$ (1 c)

Gesetze von der Erhaltung der Materie (Massenerhaltungsgesetze)	im Innern des Strömungs-	vertikalrotationssymmetrische Strömung:			
		$\frac{\partial (q^b)_r^0}{\partial r^0} + \frac{\partial (q^b)_z^0}{\partial z^0} = -(S_0^0 \cdot 2\pi r^0) \cdot \frac{\partial h^0}{\partial t^0}$	$\frac{\partial (q^b)_r^s}{\partial r^s} + \frac{\partial (q^b)_z^s}{\partial z^s} = 0$ (1 a)	$\frac{\partial (j \cdot c \cdot r^E)_r}{\partial r^E} + \frac{\partial (j \cdot c \cdot r^E)_z}{\partial z^E} = 0$ (1 a)	$\frac{\partial (q^b)_r^M}{\partial r^M} + \frac{\partial (q^b)_z^M}{\partial z^M} = 0$ (1 c)
		horizontalebene Strömung:			
		— mit Einführung des GIRINSKIJ-Potentials: $\frac{\partial (q^z)_x^0}{\partial x^0} + \frac{\partial (q^z)_y^0}{\partial y^0} = -S^0 \cdot \frac{\partial (z_R^*)^0}{\partial t^0} + v_N^0$	↑ $\frac{\partial (q^b)_x^s}{\partial x^s} + \frac{\partial (q^b)_y^s}{\partial y^s} = 0$ (1 b; 2) ↓	↑ $\frac{\partial (j \cdot d^E)_x}{\partial x^E} + \frac{\partial (j \cdot d^E)_y}{\partial y^E} = 0$ (1 b; 2) ↓	ohne praktische Bedeutung
		— mit DUPUIT-Annahmen: $\frac{\partial (q^z)_x^0}{\partial x^0} + \frac{\partial (q^z)_y^0}{\partial y^0} = -S^0 \cdot \frac{\partial h^0}{\partial t^0} + v_N^0$			$\frac{\partial (q^z)_x^M}{\partial x^M} + \frac{\partial (q^z)_y^M}{\partial y^M} = 0$ (1 c; 2)
	an der freien Oberfläche	räumliche Strömung:			
		$v_z^0 - v_y^0 \cdot \frac{\partial z_R^0}{\partial y^0} - v_x^0 \cdot \frac{\partial z_R^0}{\partial x^0} = n_0^0 \cdot \frac{\partial z_R^0}{\partial t^0} - v_N^0$	ohne Entsprechung	ohne Entsprechung	$v_z^M - v_y^M \cdot \frac{\partial z_R^M}{\partial y^M} - v_x^M \cdot \frac{\partial z_R^M}{\partial x^M} = n_0^M \cdot \frac{\partial z_R^M}{\partial t^M}$ (2)
		vertikalebene Strömung:			
		$(q^b)_z^0 - (q^b)_y^0 \cdot \frac{\partial z_R^0}{\partial y^0} = (n_0^0 \cdot b^0) \cdot \frac{\partial z_R^0}{\partial t^0} - (q_N^b)^0$	$(q^b)_z^s - (q^b)_y^s \cdot \frac{\partial z_R^s}{\partial y^s} = (n_0^s \cdot b^s) \cdot \frac{\partial z_R^s}{\partial t^s}$ (2; 3)	ohne Entsprechung	$(q^b)_z^M - (q^b)_y^M \cdot \frac{\partial z_R^M}{\partial y^M} = (n_0^M \cdot b^M) \frac{\partial z_R^M}{\partial t^M}$ (2)
		vertikalrotationssymmetrische Strömung:			
		$(q^b)_z^0 - (q^b)_r^0 \cdot \frac{\partial z_R^0}{\partial r^0} = (n_0^0 \cdot 2\pi r^0) \frac{\partial z_R^0}{\partial t^0} - (q_N^b)^0$	$(q^b)_z^s - (q^b)_r^s \cdot \frac{\partial z_R^s}{\partial r^s} = (n_0^s \cdot C \sqrt[3]{r^s}) \frac{\partial z_R^s}{\partial t^s}$ (2; 3)	ohne Entsprechung	$(q^b)_z^M - (q^b)_r^M \cdot \frac{\partial z_R^M}{\partial r^M} = (n_0^M \cdot c \cdot r^M) \frac{\partial z_R^M}{\partial t^M}$ (2)
		horizontalebene Strömung:			
		← gegenstandslos →			

Anmerkung:

Die fehlenden Analogiebeziehungen für das spezifische Speichervermögen (1a) bzw. das Speichervermögen (1b) sowie die Grundwasserneubildung (2) und z. T. für das freie entwässerbare Porenvolumen (3) lassen sich durch zusätzliche Maßnahmen (diskrete Nachbildung) realisieren LUCKNER (1968b) und PEUKERT (1969). In physikalisch ähnlichen Modellen gelingt eine Nachbildung der Speichergrößen (1c) praktisch nicht.

Erklärung der Größen siehe Tab. 3; außerdem bedeuten:

C [m$^{2(3)}$] – Konstante (modellbedingt),
c [/] – Konstante (frei wählbar),
d^E [m] – Dicke des elektrisch leitfähigen Papiers bzw. Höhe des Elektrolyts,
g [ms^{-2}] – Erdbeschleunigung,
z_R [m] – obere Randkoordinate des Strömungsfeldes,
z_R^* [m] – $= z_R$ bei ungespannten Strömungsverhältnissen, $= h$ bei gespannten Strömungsverhältnissen,
ν [m^{2}s^{-1}] – kinematische Zähigkeit der viskosen Flüssigkeit

2.1. Hydraulische Analogiemodelle

Zu den einfachsten und anschaulichsten Analogiemodellen gehören die physikalisch ähnlichen Modelle (BUSCH & LUCKNER 1968 a), wie Sand- und Kugelmodelle, bei denen der Strömungsleiter genau wie beim Original aus einem porösen Stoff besteht und das strömende Medium eine Flüssigkeit ist. Das mathematische Modell des in diesen Modellen stattfindenden physikalischen Bewegungsvorgangs hat deshalb die gleiche Gestalt wie das des Strömungsvorgangs im Original. Besonders die Sandmodelle im Maßstab $\lambda = \tau = 1$ sind dem Original mechanisch vollständig ähnlich und werden deshalb hauptsächlich zur Klärung von Stabilitätsfragen des Korngerüstes, von Verschlammungsproblemen, Wassergütefragen u. ä. verwendet. Darüber hinaus lassen sich mit Hilfe solcher Modelle Strömungsvorgänge mit unbekanntem oder nicht formulierbarem mathematischem Modell und Gültigkeitsgrenzen von bekannten mathematischen Modellen untersuchen.

Äußerst unbefriedigend lassen sich bei physikalisch ähnlichen Modellen die Meßwerte erfassen, und eine Bestimmung der gesuchten Systemgrößen ist nur beschränkt und relativ ungenau möglich. Zufriedenstellende Ergebnisse werden deshalb meist nur in Labors erreicht, die sich längere Zeit mit dieser Art von Modellierungen beschäftigen.

Von der Forschungsgruppe „Grundwasserhydraulik" wurden Sandmodelle bisher hauptsächlich zur Klärung von Fragen der Ausspülung von Tracern aus Pegeln (KRÄTZSCHMAR & LUCKNER 1966) und der Ausbreitung der Tracerwolke im Boden sowie zur Klärung von Verschlammungsproblemen eingesetzt. Abb. 2 zeigt ein Sandmodell der Forschungsgruppe „Grundwasserhydraulik".

Eine große Rolle in der modernen Grundwasserhydraulik spielen die Spaltmodelle (BUSCH, PEUKERT u. a. 1968). Hierbei verhält sich das mathematische Modell einer strömenden zähen Flüssigkeit in einem engen Spalt analog zu dem der zweidimensionalen Grundwasserströmung. Infolge der im allgemeinen Falle existierenden fast vollkommenen Analogie zwischen beiden mathematischen Modellen (Tab. 2) eignet sich das Spaltmodell besonders gut zur Untersuchung nichtstationärer Strömungsvorgänge mit freier Oberfläche. Für viele dieser Probleme stellt der Spaltmodellversuch das optimale Untersuchungsverfahren dar. Das gilt um so mehr, als der Einsatzbereich dieser Modellart durch Vervollkommnung in letzter Zeit maßgeblich erweitert worden ist (PEUKERT 1969). In Speziallabors mit gutem Fachpersonal können mit Spaltmodellen Grundwasserströmungsprobleme mit hoher Genauigkeit untersucht werden.

Abb. 2. Sandmodell-Untersuchung eines Dränproblems

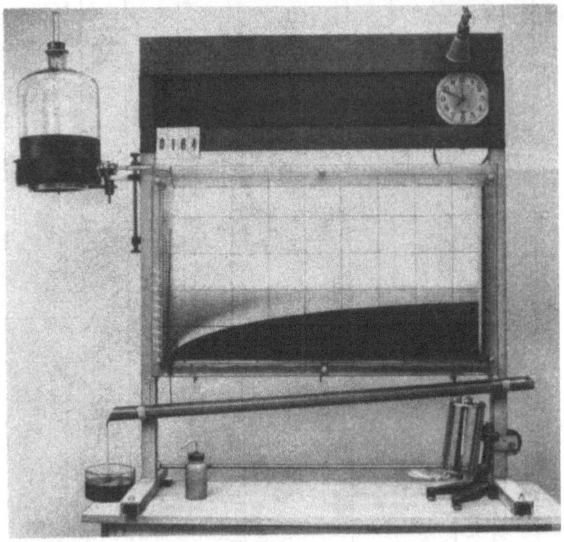

Abb. 3. Normales vertikalebenes Spaltmodell — Untersuchung einer Grabenanströmung

Das in Abb. 3 gezeigte normale vertikalebene Spaltmodell wurde von der Forschungsgruppe „Grundwasserhydraulik" zur Lösung einer Vielzahl von Problemen aus den verschiedensten Wirtschaftszweigen benutzt. Für die Landwirtschaft wurden z. B. bestimmte Probleme der Dränung (LUCKNER u. a. 1967) und der Grabenversickerung (KRAMER u. a. 1970) gelöst. Auch zur Klärung von Fragen der Durch- und Unterströmung von Dämmen und Deichen wurde dieses Modell eingesetzt — aus Zweckmäßigkeitsgründen hier meist gekoppelt mit elektrischen Papiermodellen. Durch solch eine Koppelung lassen sich die Vorteile beider Modelltypen — beim Spaltmodell ist dies besonders die selbständige richtige Ausbildung der freien Oberfläche einschließlich der Sickerstrecke unter nichtstationären Strömungsbedingungen, und beim elektrischen Papiermodell sind dies die leichte und exakte Art der Aufmessung des Potentialfelds, der Gradienten und die Ermittlung der strömenden Wassermengen — ausnützen und ihre Nachteile vermeiden (LUCKNER 1966). Bei der Untersuchung des Dammes zum Rückhaltebecken Tanneberg wurden auf diese Weise u. a. die maximal auftretenden Gradienten in der Sohlfuge zwischen Damm und Untergrund ermittelt und Aussagen über den Sickerwasseraustritt am Dammfuß und im Hinterland gewonnen (LUCKNER 1968 a).

Für den Küstenschutz wurden speziell die Seedeiche bei Vitte (Hiddensee) (Analogietechnik ... 1970 a) und Wustrow (Fischland) (Analogietechnik ... 1970 b) untersucht. Hieraus konnten allgemeingültige Aussagen über die Standsicherheit von Seedeichen mit dichten Deckwerken und solchen ohne Abdeckung bei verschiedener Ausbildung der Böschungsfußsicherung unter extremen Belastungen gemacht werden.

Mit gutem Erfolg wurden Spaltmodelle von der Forschungsgruppe „Grundwasserhydraulik" für die Lösung von Grundwasserströmungsproblemen in Zusammenhang mit der Tagebauentwässerung eingesetzt. So diente das in Abb. 3 gezeigte Modell zur Überprüfung des in der Vergangenheit bei der Projektierung von Entwässerungsanlagen der Tagebaue der DDR recht häufig verwendeten SIEMONschen Berechnungsansatzes für Feldgalerien (PEUKERT 1968) und zur Untersuchung eines speziellen Entwässerungsproblems beim Tagebau Welzow-Süd (ZIEGLER & PEUKERT 1968).

Maßgebliche Untersuchungen mit diesem Modell wurden auch im Rahmen der 1968 abgeschlossenen Vertragsforschung „Absenkungsverlauf an Galerien und Ermittlung der zeitabhängigen Restwasserstände" durchgeführt. Das Ergebnis dieser Forschung brachte für den Industriezweig Kohle neue, theoretisch begründete Berechnungsverfahren für die Tagebauentwässerung (LUCKNER & PEUKERT 1968). Die Spaltmodellversuche dienten dabei vor allem der Überprüfung von analytischen und numerischen Berechnungsansätzen und zur Testung anderer modelltechnischer Lösungsverfahren, bei denen die Analogiebeziehungen zur Grundwasserströmung zwar weniger vollkommen sind als beim Spaltmodell, die aber einfacher in der Projektierungspraxis handhabbar sind: z. B. modifiziertes LIEBMANN-Verfahren (ABADJIEW & LUCKNER 1970; LUCKNER & PEUKERT 1969).

Zur Ermittlung optimaler Gestaltungsprinzipien des wichtigsten Grundelements der Grundwasserhydraulik

Abb. 4. Rotationssymmetrisches Spaltmodell — Simulierung der Anströmung eines vollkommenen Brunnens

Abb. 5. Universelles Spaltmodell — Untersuchung eines Tagebauproblems

und insbesondere der Tagebauentwässerung — des Brunnens — dient das rotationssymmetrische Spaltmodell (Abb. 4), mit dem sich neben stationären auch nichtstationäre rotationssymmetrische Grundwasserströmungsprobleme mit freier Oberfläche bei beliebiger Bauart der Brunnen (vollkommene, unvollkommene und unvollkommen ausgebaute Brunnen) untersuchen lassen (PEUKERT 1967; PEUKERT & LUCKNER 1967; PEUKERT 1969). Dieses Modell wird gegenwärtig auch zur Überprüfung analytischer, numerischer und modelltechnischer Berechnungsverfahren für die rotationssymmetrische Grundwasserströmung eingesetzt.

Um ein Hauptproblem der Tagebauentwässerung, das zeitlich gestaffelte Anlaufen von Feldgalerien, untersuchen zu können, wurde das universelle Spaltmodell gebaut (Abb. 5). Die Berechnung dieses Hauptproblems wird durch besonders komplizierte Randbedingungen erschwert. Außer der möglichen Betriebsart der Brunnen in den Galerien (Fallfilter- oder Pumpbetrieb) ändern sich die Zahl und z. T. der Betriebszustand (Pumpenwechsel) der Galerien innerhalb des zu betrachtenden Zeitraums. Zusätzlich verschiebt sich ständig die Lage der Tagebaukante, in deren unmittelbarer Nähe die Ermittlung der auftretenden zeitabhängigen Restwasserstände besonders wichtig ist (Kriterium für die Sicherheit der Tagebaukante).

Gewisse Schwierigkeiten bereitet von vornherein die Untersuchung des eigentlich dreidimensionalen Charakters des vorliegenden nichtstationären Grundwasserströmungsproblems im Spaltmodell. Die Anströmung einer Fallfilter- oder Filterbrunnengalerie ist aber nur in unmittelbarer Nähe der Galerien dreidimensional. Schon in relativ geringer Entfernung davon ist der Strömungsvorgang zweidimensional. Die verlängerten Fließwege bis zu den Brunnen und die Verengung der Stromröhren in Brunnennähe können durch einen hydraulischen Zusatzwiderstand erfaßt werden. Dadurch wird es möglich, die an sich dreidimensionale Galerieanströmung auf eine zweidimensionale Grabenanströmung zurückzuführen. Da mit dem universellen Spaltmodell alle interessierenden Randbedingungen realisiert werden können, wurde dieses Modell auch dazu benutzt, eine Reihe anderer Verfahren zu testen. Im Mittelpunkt des Interesses

Tab. 3. Einander entsprechende Größen und Größengruppen zwischen der Grundwasserbewegung und den Strömungen in den wichtigsten Analogiemodellen (nur Kontinuummodelle)

Grundwasserströmung (0)	Viskose Strömung (*s*)	Elektrischer Stromfluß (*E*)	Filterströmung (*M*)
Differenz der Standrohrwasserspiegelhöhen dh^0 [m]	Differenz der Flüssigkeitshöhen im Standrohr dh^s [m]	Differenz der Spannung gegen Erde $d\bar{U}$ [V]	Differenz der Flüssigkeitshöhen im Standrohr dh^M [m]
Durchlässigkeitskoeffizient $\vec{\vec{k}}^0$ [m s^{-1}]	ohne Entsprechung	spezifische elektrische Leitfähigkeit $\vec{\vec{\sigma}}$ [Ω^{-1} m^{-1}]	Durchlässigkeitskoeffizient $\vec{\vec{k}}^M$ [m s^{-1}]
mittlerer Durchlässigkeitskoeffizient (bei Einführung des GIRINSKIJ-Potentials) $\bar{\vec{\vec{k}}}^0$ [m s^{-1}]	↑ spezifische viskose Leitfähigkeit $\frac{g\,(b^s)^3}{12\nu}$ [m^2 s^{-1}]	↑ Quadratleitfähigkeit bzw. reziproker Quadratwiderstand $(\vec{\vec{\sigma}} \cdot d^E) = 1/\vec{\vec{R}}_q$ [Ω^{-1}]	ohne praktische Bedeutung
spezifische hydraulische Leitfähigkeit $(\vec{\vec{k}}^0 b^0)$ [m^2 s^{-1}]	↓	↓	spezifische Leitfähigkeit $(\vec{\vec{k}}^M \cdot b^M)$ [m^2 s^{-1}]
freies entleerbares Porenvolumen n_0^0 [/]	ohne Entsprechung	↑ — [2]	freies entwässerbares Porenvolumen n_0^M [/]
summarisches Porenvolumen $(n_0^0 \cdot b^0)$ [m]	Spaltvolumen [1] $(n_0^s \cdot b^s)$ [m]	↓	summarisches Porenvolumen $(n_0^M \cdot b^M)$ [m]
Grundwasserfließmenge Q^0 [m^3 s^{-1}]	Flüssigkeitsmenge Q^s [m^3 s^{-1}]	elektrische Stromstärke I [A]	Flüssigkeitsmenge Q^M [m^3 s^{-1}]
spezifischer Volumenstrom $(\vec{q}^b)^0$ bzw. $(\vec{q}^z)^0$ [m^2 s^{-1}]	spezifischer Flüssigkeitsstrom $(\vec{q}^b)^s$ [m^2 s^{-1}]	spezifischer elektrischer Stromfluß $(\vec{j} \cdot d^E)$ [Am^{-1}]	spezifischer Flüssigkeitsstrom $(\vec{q}^b)^M$ bzw. $(\vec{q}^z)^M$ [m^2/s]
Ortsvektor bzw. allgemeine Koordinate $\vec{r}^0$ bzw. r^0 [m]	Ortsvektor bzw. allgemeine Koordinate $\vec{r}^s$ bzw. r^s [m]	Ortsvektor bzw. allgemeine Koordinate $\vec{r}^E$ bzw. r^E [m]	Ortsvektor bzw. allgemeine Koordinate $\vec{r}^M$ bzw. r^M [m]
spezifisches Speichervermögen S_0^0 [m^{-1}]	↑ — [2]	↑ — [2]	praktisch nicht realisierbar
Speichervermögen S^0 [/]	↓	↓	
Profildurchlässigkeit $\vec{\vec{T}}^0$ [m^2 s^{-1}]	spezifische viskose Leitfähigkeit $\frac{g\,(b^s)^3}{12\nu}$ [m^2 s^{-1}]	Quadratleitfähigkeit $(\vec{\vec{\sigma}} \cdot d^E)$ [Ω^{-1}]	Profildurchlässigkeit $\vec{\vec{T}}^M$ [m^2 s^{-1}]
Zeit t^0 [s]	Zeit t^s [s]	— [2]	Zeit t^M [s]
Grundwasserfließgeschwindigkeit $\vec{v}^0$ [m s^{-1}]	ohne Entsprechung	elektrische Stromdichte $\vec{j}$ [Am^{-2}]	Filtergeschwindigkeit $\vec{v}^M$ [m s^{-1}]
Grundwasserneubildung v_N^0 [m s^{-1}]	— [2]	— [2]	— [2]
Koordinaten x^0; y^0; z^0 [m]	Koordinaten [3] x^s; y^s; z^s [m]	Koordinaten [3] x^E; y^E; z^E [m]	Koordinaten [3] x^M; y^M; z^M [m]
Differenz des GIRINSKIJ-Potentials $d\Phi$ [m^2]	Differenz der Flüssigkeitshöhen im Standrohr dh^s [m]	Differenz der Spannung gegen Erde $d\bar{U}$ [V]	ohne praktische Bedeutung

[1]) Für rotationssymmetrische und inhomogene Probleme nicht kontinuierlich realisierbar.
[2]) Nicht kontinuierlich realisierbar.
[3]) Nicht ausschließlich gültig: z. B. $x^0 \neq x^s$ (bzw. b^s) $\neq x^E$ (bzw. d^E) $\neq x^M$ (bzw. b^M) bei vertikalebener und $z^0 \neq z^s$ (bzw. b^s) $\neq z^E$ (bzw. d^E) $\neq z^M$ (bzw. b^M) bei horizontalebener Strömung.

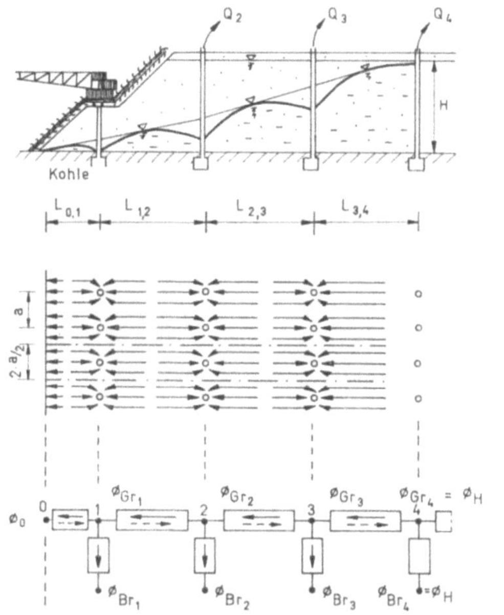

Abb. 6. Schema der Tagebauentwässerung

standen dabei Modelle, bei denen die Analogiebeziehungen zur Grundwasserbewegung weniger vollkommen, die aber praktisch einfacher modelltechnisch handhabbar sind und bei denen sich die Zusatzwiderstände leichter als beim Spaltmodell realisieren lassen.

Systematische Spaltmodellversuche dienten auch der Prüfung rechentechnischer Verfahren mit modernen Großrechnern für die zweckmäßigste Gestaltung der Tagebauentwässerungsanlagen. Die ausgearbeiteten hydraulischen Programme (ALGOL) lassen sich mit ökonomischen Programmen koppeln, wodurch eine komplexe Optimierung unter Berücksichtigung der verschiedenen wirksamen Faktoren ermöglicht wird. Diese neuen Methoden zur Berechnung der Tagebauentwässerung werden gegenwärtig in Zusammenarbeit mit einzelnen Braunkohlenkombinaten der DDR und dem VEB Rationalisierung Braunkohle Großräschen in die Praxis eingeführt (s. a. PEUKERT 1970).

Das in Abb. 5 gezeigte universelle Spaltmodell kann nach geringen Umbauten auch als diskretes Spaltmodell (spezielles hydraulisches Netzwerk) verwendet werden. Die unter dem Modell sichtbaren Behälter dienen dann als Speichergefäße, mit deren Hilfe das Speichervermögen der einzelnen zu untersuchenden Feldabschnitte auf diskrete Weise nachgebildet wird. Die zwischen den Behältern befindlichen einzelnen Teilstücke des Spaltmodells dienen dabei der Realisierung der funktionellen Abhängigkeit des hydraulischen Widerstandes des durchströmten Grundwasserfeldes vom jeweiligen Wasserstand (BUSCH & LUCKNER 1968). Mit solch einem Modell ist die Untersuchung ausgedehnter Grundwasserfelder möglich, wobei wenig interessierende Zwischenbereiche in einem verkleinerten Maßstab dargestellt werden können. Durch enstprechende Gestaltung der Spaltbreite und der Speichergefäße kann jede beliebige Widerstands- bzw. Speichercharakteristik des Bodenkörpers im Original simuliert werden. Somit lassen sich auch rotationssymmetrische Grundwasserströmungsprobleme mit dem diskreten Spaltmodell untersuchen.

Das in Abb. 7 gezeigte diskrete Spaltmodell wird von der Forschungsgruppe „Grundwasserhydraulik" in besonderem Maße zur Grundlagenforschung verwendet.

2.2. Elektrische Analogiemodelle

Die größte Bedeutung für die Berechnung von Grundwasserströmungsproblemen besitzen gegenwärtig die elektrischen Analogiemodelle (BUSCH, HACKESCHMIDT u. a. 1968 a, 1968 b). Die Analogiebeziehungen zwischen der Grundwasserbewegung und dem elektrischen Stromfluß in kontinuierlichen elektrischen Leitern, wozu elektrisch leitende Papiere und Elektrolyte gehören, sind von vornherein in gewissem Grade unvollkommen (Tab. 2). So gibt es z. B. keine analogen Erscheinungen zu den Vorgängen an der freien Oberfläche (vgl. dagegen Spaltmodell) und zu den Speichervorgängen im Inneren des Grundwasserströmungsfeldes. Durch Anordnung speziell gestalteter Quellflächen lassen sich die fehlenden Beziehungen jedoch erzwingen (LUCKNER 1967, 1968 b), wodurch eine beträchtliche Ausdehnung des bisherigen Anwendungsbereichs der elektrischen Kontinuummodelle erreicht wird.

Für die versuchstechnische Realisierung der komplizierten Randbedingungen und die Aufmessung der Versuchsergebnisse werden spezielle elektrische Analogiegeräte benötigt. Solche Geräte enthalten für das Arbeiten mit elektrischen Papiermodellen außer den Einrichtungen zur Realisierung von Quellen mit vorgegebenem Potential oder vorgegebener Intensität Meßinstrumente zur Messung der Potentiale und der fließenden Ströme. Für Elektrolytmodelle sind kompliziertere Zusatzgeräte erforderlich, da hier im Gegensatz zu den Papiermodellen mit Wechselstrom gearbeitet werden muß.

Von der Forschungsgruppe „Grundwasserhydraulik" ist in den letzten Jahren eine Reihe patentierter Analogiegeräte entwickelt und gebaut worden.[1]) Abb. 8 zeigt den „analog 1", ein 1966 auf Anforderung der Braunkohlenindustrie gefertigtes Gerät mit 50 einzelgeregelten, spannungskonstanten Randbedingungen (FUHRIG u. a. 1968). Diese sind nach dem Baukastenprinzip in fünf gleichartigen Einschüben untergebracht. Eine mechanische Abfrageschaltung gestattet die Messung der Ströme, die den Quellen zu- bzw. von ihnen abfließen, oder die Messung der Potentiale, die an ihnen herrschen. Nach erfolgreicher Erprobung am damaligen Institut für Boden und Wasserwirtschaft der Technischen Universität Dresden wurde das Gerät etwa 1 Jahr lang im ehemaligen PKB „Kohle" Berlin eingesetzt und dient jetzt Lehr- und Forschungszwecken an der Hochschule für Bauwesen in Leipzig. 1967 wurde für das damalige WTI der VVB Braunkohle Cottbus ein verbessertes Gerät dieses Typs entwickelt („analog 1 b") und in Zusammenarbeit mit dieser Institution gebaut. Mit diesen beiden Geräten gelang u. a. die Lösung mehrerer bedeutender Absenkungsprobleme (z. B. die Untersuchung der Tagebauentwässerung Reichwalde, HERRMANN & RIESS 1967).

[1]) Patent Nr. 62704, Kl.: 42 m^4, 7/57 Int. Cl.: G 06 g „Schaltungsanordnung zur Simulierung von Potentialfeldern, vorzugsweise zur Regelung von Randbedingungen für elektro-geohydraulische Analogiegeräte".

Eine bedeutende Weiterentwicklung des „analog 1" stellt das Großgerät „analog 2" dar, das bisher in drei Exemplaren hergestellt wurde. Abb. 9 zeigt eines der beiden beim VEB Rationalisierung Braunkohle Großräschen befindlichen Geräte. Es besitzt 50 einzelgeregelte spannungskonstante und 50 stromkonstante Randbedingungen und ist somit zur Lösung auch sehr komplexer Grundwasserströmungsprobleme geeignet.

Durch den Einsatz der Geräte „analog 1" und „analog 2" für Probleme der Tagebauentwässerung wurden bisher nachweislich mehr als 30 Mill. M an Investmitteln eingespart (FUHRIG u. a. 1968; LUCKNER, HENNIG u. a. 1969).

Der „analog 2" des Analogielabors der Forschungsgruppe „Grundwasserhydraulik" wurde inzwischen weiter vervollkommnet. Dieses Gerät gestattet neben der Simulierung von Grundwasserströmungsproblemen mit Hilfe elektrischer Papiermodelle auch das Betreiben elektrischer Netzwerke (Abb. 10).

Ein elektrisches Netzwerk besteht aus einer Vielzahl regelbarer Widerstände und Kondensatoren. Es wird nach dem Baukastenprinzip aus einzelnen Elementen zusammengeschaltet und ist besonders zur Modellierung weiträumiger stationärer und nichtstationärer Grundwasserströmungsfelder geeignet. Abb. 11 zeigt das aus 200 Baugruppen bestehende elektrische Widerstandsnetzwerk der Forschungsgruppe „Grundwasserhydraulik" mit 800 Knotenpunkten, das als Zusatzeinrichtung zum „analog 2" gebaut wurde. Anstelle der ausbaubaren Baugruppen können auch Papiermodellteile eingefügt werden, so daß eine Kombination von Kontinuum- und Netzmodellen in idealer Weise möglich wird.

Zur Realisierung derart vieler spannungskonstanter Randbedingungen, wie sie bei dem in Abb. 11 vorgestellten Netzwerk nötig sind, wurde ein niederohmiger 1000-Punkte-Spannungsteiler entwickelt, der gegen einen Einschub des „analog 2" austauschbar ist (in Abb. 11 unten links im eingebauten Zustand sichtbar). Damit ist eine extrem schnelle Randwertregelung möglich.

Mit beiden Peripheriegeräten — Netzwerk und Spannungsteiler — wurde auch der „analog 2" des VEB RBK Großräschen ausgerüstet.

Der „analog 2" mit seinen Zusatzeinrichtungen läßt sich auch zur Lösung vieler anderer Grundwasserströmungsprobleme effektiv einsetzen. In jüngster Zeit wurden mit seiner Hilfe von der Forschungsgruppe „Grundwasserhydraulik" geohydraulische Untersuchungen für den geplanten Bau der Dresdner U-Bahn durchgeführt, die für den Ballungsraum Dresden von besonderer Bedeutung ist (MÜLLER 1970). Auch zur Erarbeitung eines Bewirtschaftungsmodells für die Dresdner Wasserwerke soll das Netzwerk in Verbindung mit dem „analog 2" eingesetzt werden.

Mit Hilfe des in Abb. 11 gezeigten Netzwerks wurde auch eine neue Einspültechnologie für industrielle Absetzanlagen erarbeitet, bei deren Anwendung allein für das erste derartige Projekt in der SDAG Wismut eine Einsparung von 20 Mill. Mark an Bau- und Betriebskosten erreicht wurde (Industr. Absetzanlage 1968). Diese Technologie wurde zum Patent angemeldet.

In der Absicht, die neuen wissenschaftlichen Erkenntnisse schnell und umfassend wirksam werden zu lassen,

Abb. 7. Diskretes Spaltmodell — Untersuchung einer Grabenanströmung

Abb. 8. „analog 1" (1966/67)

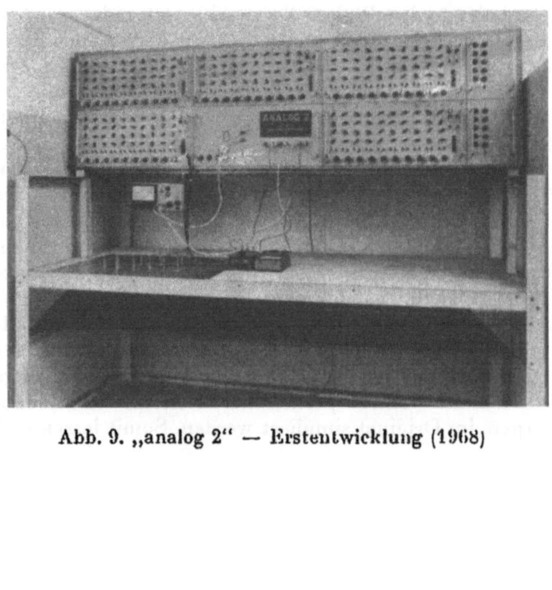

Abb. 9. „analog 2" — Erstentwicklung (1968)

haben wir zur Ausbildung unserer Studenten und für das postgraduelle Studium die Lehrgeräte „analog 3" gebaut (Abb. 12). Die einzelnen Baugruppen wurden dabei möglichst einfach und wenig kostenaufwendig ausgeführt. Sie sind aus didaktischen Gründen nicht in einem Gerät vereinigt und müssen vor Inbetriebnahme entsprechend dem Prinzipschaltbild elektrisch miteinander verbunden werden. Mit diesen Anlagen wurden Übungsplätze bestückt (Abb. 13), an denen von uns in Lehrgängen Fachkader im Umgang mit elektrischen Modellsystemen geschult werden.

Unser leistungsfähiges Kleingerät „analog 4" (Abb. 14) bietet die Voraussetzung zur breiten Anwendung der Modelltechnik in der Projektierungspraxis. Für dieses transistorisierte Gerät mit 12 potential- und stromkonstanten Regelungseinrichtungen wird kein spezieller Arbeitsplatz benötigt. Es kann auf einem Schreibtisch betrieben werden und eignet sich dadurch speziell für den Einsatz in den Projektierungsabteilungen der Praxisbereiche Wasserbau, Wasserwirtschaft, Grundbau, Verkehrsbau und Melioration zur Bearbeitung von kleineren und mittleren Bauvorhaben. Viele praktische Probleme lassen sich bereits mit diesem Gerät mit hoher Genauigkeit lösen. Es wurde bisher in größerem Umfang u. a. für die Bearbeitung von Damm- und Deichbauproblemen eingesetzt. Bei der Untersuchung der Küstenschutzanlagen Vitte (Hiddensee) (Analogietechnik ... 1970 a) und Wustrow (Fischland) (Analogietechnik ... 1970 b) z. B. wurde der elektrische Teil der Messungen mit diesem Gerät durchgeführt (Koppelungsmethode mit Spaltmodell).

Auch das Sanierungsprojekt für die Talsperre Kelbra wurde am „analog 4" ausgearbeitet (KRUG u. a. 1969), wobei die Methode der indirekten hydrogeologischen Erkundung angewendet wurde. Bei dieser Bearbeitung konnte ebenfalls ein Nutzen von mehreren Mill. Mark gegenüber dem ursprünglichen Projekt ausgewiesen werden.

Mit diesem Gerät wurden auch Untersuchungen mit kombinierten Kontinuumnetzmodellen durchgeführt. Besonders bewährt hat sich diese Methode bei der Überarbeitung der TGL 202 285 hinsichtlich der Drängewasserzuflüsse zu Flußpoldergebieten (QUAST 1970). Abb. 15 zeigt ein solches kombiniertes Modell. Im Ergebnis der Untersuchungen konnten ein numerisches Rechenverfahren und digitale Rechenprogramme entwickelt und getestet werden (LUCKNER u. a. 1969).

Das in Abb. 14 vorgestellte Gerät ist in diesem Jahr in Zusammenarbeit mit dem Institut für Wasserwirtschaft, Berlin, in einer Kleinserie gefertigt worden. Gegenwärtig arbeiten wir daran, das Gerät mit einem zweckmäßig angebrachten 1000-Punkte-Spannungsteiler auszurüsten.

In gleicher Weise wie den „analog 4" verwenden wir auch das in Abb. 16 gezeigte Hochleistungsgerät „analog 5", das die Vorteile des Studentengerätes „analog 3" mit der konsequenten Trennung der einzelnen Baugruppen und die hohe Genauigkeit des „analog 2" vereint. Es besitzt 7 spannungs- und stromkonstante Randbedingungsregelungen und ist somit für Lehre und Forschung gleichermaßen geeignet. Wir untersuchten hiermit erfolgreich die Möglichkeiten, das Grundwasserströmungsfeld in einzelne Teilgebiete aufzugliedern und diese analytisch zu erfassen. Durch Verknüpfung dieser

Abb. 10. „analog 2" — verbesserte und vervollkommnete Anlage mit 1000-Punkte-Spannungsteiler (1969/70)

Abb. 11. Elektrisches Widerstandsnetzwerk mit simuliertem rotationssymmetrischem Grundwasserströmungsproblem

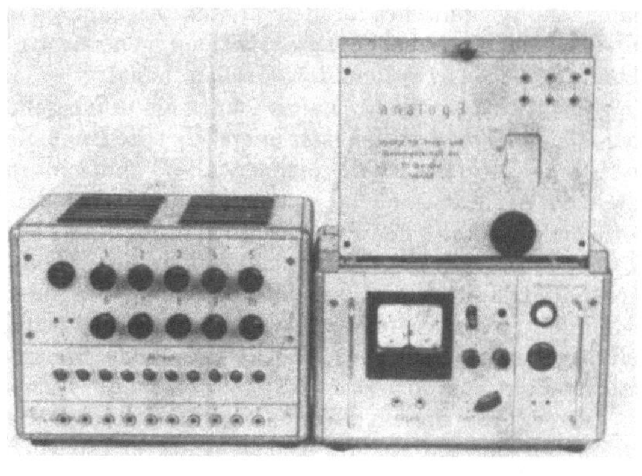

Abb. 12. „analog 3" — Lehr- und Ausbildungsgerät (1968)

Abb. 13. Studentenlabor der Forschungsgruppe „Grundwasserhydraulik" des IfW Berlin und der TU Dresden

Einzellösungen lassen sich komplexe Probleme oftmals vorteilhaft berechnen.

Der in Abb. 17 gezeigte elektrolytische Trog dient hauptsächlich der Untersuchung von Grundsatzproblemen. Die erzielbaren Ergebnisse sind wesentlich genauer als bei Papiermodellen, jedoch ist die Handhabung dieses Analogiemodells relativ zeitaufwendig, so daß es zur Lösung praktischer Probleme seltener zum Einsatz kommt. Mit Hilfe dieser Anlage konnten beispielsweise exakte Aussagen über die Größe der Zusatzwiderstände für vollkommene, unvollkommene und unvollkommen ausgebaute Brunnen und Gräben, für kolmatierte und nichtkolmatierte Vorfluterprofile u. ä. erhalten werden (s. dazu auch LUCKNER, PEUKERT u. a. 1969).

2.3. Elektronische Analog- und Digitalrechner

Bei der Betrachtung aller zum gegenwärtigen Zeitpunkt verfügbaren Möglichkeiten zur Lösung von Grundwasserströmungsproblemen gelangt man von den Analogiemodellen ganz zwangsläufig zu den Rechnern. Zwischen den in den Abschnitten 2. 1. und 2. 2. vorgestellten Analogiemodellen und den Analogrechnern besteht kein prinzipieller Unterschied. Bei beiden wird zur Berechnung des interessierenden Naturvorgangs ein analoger physikalischer Modellvorgang herangezogen, und bei beiden werden Maßstabsbeziehungen zur Umrechnung der interessierenden Größen benötigt. Man kann den elektronischen Analogrechner als universelles Analogiemodell betrachten oder umgekehrt die Analogiemodelle als spezielle Analogrechner. Die Funktionseinheiten der Analogiemodelle sind zur Simulierung ganz spezieller physikalischer Prozesse, im vorliegenden Fall für die Grundwasserströmung, entwickelt und gebaut worden und dadurch relativ einfach und billig. Die Funktionseinheiten der Analogrechner sind jedoch zur Lösung vielfältiger mathematischer Modelle einsetzbar. Sie sind dadurch recht kompliziert im Aufbau und somit wesentlich teurer. Aus diesem Grunde macht sich eine Beschränkung der Anzahl der Bauelemente erforderlich, und die praktischen Einsatzmöglichkeiten des Rechners werden dadurch eingeengt. So sind z. B. die beiden für das Gebiet der DDR bedeutendsten Analogrechner „endim 2000" und „Meda 80 T" mit 55 beziehungsweise 50 Rechenverstärkern und 90 beziehungsweise 72 Potentiometern bestückt, wohingegen elektrische R- und RC-Netzwerke mehrere hundert oder gar tausend Simulationselemente aufweisen.

Der elektronische Analogrechner ist, bedingt durch sein Konstruktionsprinzip, ein Anfangswertrechner. Die abhängige Variable — dargestellt durch die Spannung — einschließlich aller ihrer Ableitungen am Nullpunkt der unabhängigen Variablen — dargestellt durch die Zeit — muß bekannt sein. Durch iteratives Vorgehen können jedoch auch Randwertprobleme, bei denen diese Bedingungen nicht erfüllt sind, gelöst werden.

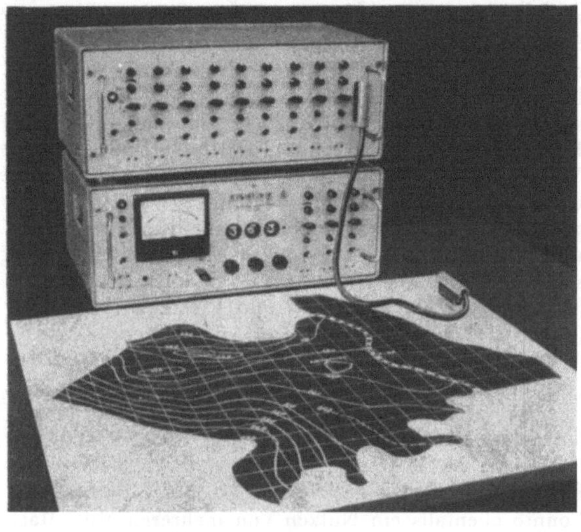

Abb. 14. „analog 4" — das in einer Kleinserie für die Projektierungspraxis gefertigte Gerät (1970)

Nach unseren bisherigen Erfahrungen mit den schon genannten Analogrechnern „endim 2000" und „Meda 80 T" läßt sich diese Art von Rechnern vor allem zur Lösung stationärer und nichtstationärer ein- und zweidimensionaler Grundwasserströmungsprobleme einsetzen. So wurden beispielsweise bei der Berechnung der Zuströmung zu Gräben und Einzelbrunnen sowie Systemen aus diesen beiden Elementen für stationäre und unter bestimmten Voraussetzungen auch für nichtstationäre Bedingungen gute Ergebnisse erzielt, wie aus Vergleichen mit geeigneten Analogiemodellversuchen hervorgeht (LUCKNER, MÜLLER u. a. 1969; LUCKNER & PEUKERT 1968; QUAST 1970).

Sehr vorteilhaft bei der Lösung solcher Probleme mit Analogrechnern ist es, daß der mit dem unmittelbaren Problem gut vertraute Ingenieur die Berechnung selbst durchführen, die Ergebnisse visuell beobachten und in stetiger Form auswerten kann. Große Fehler lassen sich dadurch im allgemeinen vermeiden. Diese aktive Relation zwischen Bearbeiter und Maschine, die einfache Modellstruktur des Analogrechners und nicht zuletzt seine hohe Rechengeschwindigkeit sind die Vorteile, die den Einsatz dieses Rechners vor allem zum Aufsuchen optimaler Varianten empfehlen.

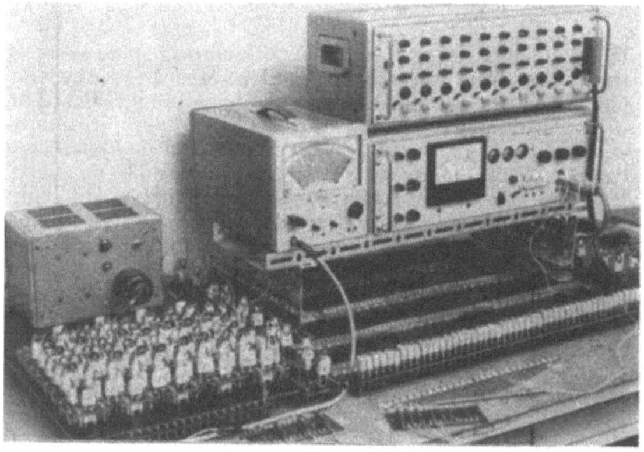

Abb. 15. Untersuchung eines Grundwasserströmungsproblems mit kombiniertem Papier/Netzwerk-Modell

Immer stärkere Bedeutung in der Grundwasserhydraulik gewinnt auch der Einsatz elektronischer Digitalrechner, da nur sie eine direkte Kopplung von hydraulischen mit bodenmechanischen, technologischen oder ökonomischen Programmen ermöglichen. Gerade dies ist aber die Grundlage für eine effektive Operationsforschung, die auch auf dem Gebiet des unterirdischen Wassers angestrebt werden muß.

Die elementaren Funktionseinheiten dieses Rechners sind so aufgebaut, daß unmittelbar nur logische Operationen ausgeführt werden können. Durch Verknüpfung der Elementareinheiten ist jedoch auch die Durchführung höherer mathematischer Operationen möglich. Dies erfolgt durch feste Verdrahtung für die vier Grundrechenarten und durch Programme, welche die höheren mathematischen Operationen auf die Grundrechenarten und logische Entscheidungen zurückführen.

Ein Diskretisierung aller unabhängigen Variablen ist die Grundvoraussetzung für ein Arbeiten mit Digitalrechnern. Das bedeutet, daß die das mathematische Modell der Grundwasserströmung bildenden Differentialgleichungen in Systeme von Differenzengleichungen übergeführt werden müssen. Eine Lösung dieser Gleichungssysteme erfolgt meist iterativ. In einigen Fällen (z. B. stationäre Anströmung der Randgalerien eines Tagebaus) wird auch die Determinantenmethode verwendet (LUCKNER, HENNIG u. a. 1969; LUCKNER u. a. 1970).

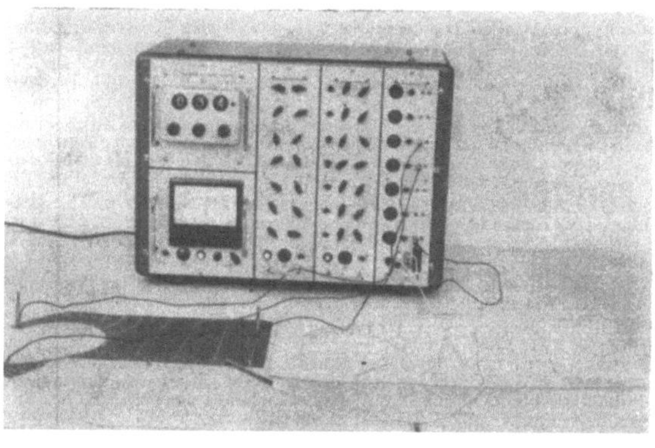

Abb. 16. „analog 5" 1969 — hochleistungsfähiges Kleingerät

Eine Programmierung wird im allgemeinen durch problemorientierte Sprachen, wie ALGOL und FORTRAN, vorgenommen. Es erweist sich als vorteilhaft, daß einmal aufgestellte Programme für die Lösung eines Problems auch von Interessenten ohne Spezialkenntnisse auf dem entsprechenden Gebiet nutzbar sind. Jedoch ist das andererseits auch ein Nachteil, weil dadurch die gesamte Berechnung zu einem schematischen Vorgang wird und der unmittelbar mit dem Problem vertraute Ingenieur an der eigentlichen Berechnung nicht mehr teilnimmt. Er lernt deshalb auch nicht mehr von Rechenschritt zu Rechenschritt, sondern legt lediglich noch den Umfang der zu berechnenden Varianten fest. Für alle Grundwasserströmungsprobleme, die sich analytisch oder analogietechnisch mit relativ geringem Aufwand lösen lassen, sollte man nicht unbedingt auf den Einsatz von Digitalrechnern drängen. Das trifft insbesondere für alle Echtzeitmodellierungen zu.

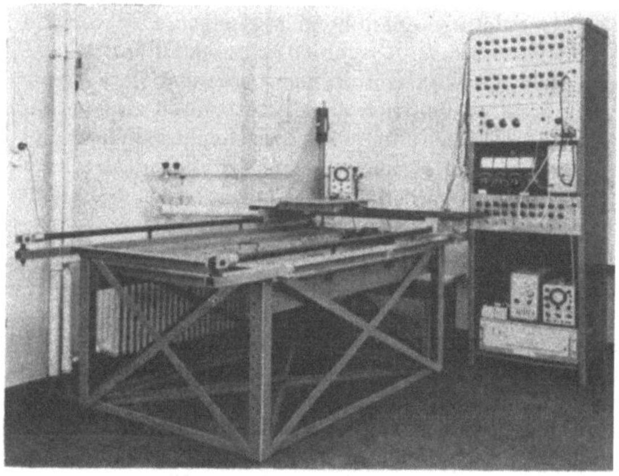

Abb. 17. Elektrolytischer Trog der Forschungsgruppe „Grundwasserhydraulik"

Nach unseren bisherigen Erfahrungen können besonders horizontalebene Grundwasserströmungsprobleme mit freier Oberfläche, wie sie bei der Tagebauentwässerung auftreten (Berechnung von Feld- und Randgalerien mit allen möglichen Randbedingungen), mit Hilfe der Digitalrechner (RDC, ELLIOT) optimal gelöst werden. Vergleiche mit Analogiemodellversuchen ergeben eine ausgezeichnete Übereinstimmung (LUCKNER & PEUKERT 1969). Hier liegen eindeutige Verhältnisse vor, weil die entsprechenden elektrischen Modellierungsverfahren (LIEBMANN-Verfahren) selbst keine Echtzeitmodellierungen darstellen.

3. Ausblick

Die kurzen Erläuterungen zeigen, daß auf dem Fachgebiet der Grundwasserhydraulik die verschiedensten informationsverarbeitenden Systeme zum Einsatz kommen können. Ihre Auswahl erfolgt rein nach pragmatischen Gesichtspunkten. Dies setzt natürlich voraus, daß der jeweilige Bearbeiter möglichst gut über alle Lösungsmöglichkeiten orientiert sein muß. Keinesfalls liegt eine einfache Entwicklungslinie von der Anwendung physikalisch ähnlicher Modelle bis zum Einsatz von elektronischen Analog- und Digitalrechnern vor. Die Entwicklung der informationsverarbeitenden Systeme für die Beherrschung der unterirdischen Wasserbewegung tendiert nicht zur ausschließlichen Verwendung eines analogen Verfahrens oder von Digitalrechnern, sondern vielmehr auf einen kombinierten Einsatz verschiedener analoger Modelle und digitaler Lösungsverfahren, wodurch die Vorteile beider Methoden vereint werden.

Als Kombination verschiedener Modellsysteme spielt gegenwärtig der Einsatz von Spaltmodellen und elektrischen Modellen die größte Rolle.

Eine besonders wichtige Rolle werden künftig aber auch kombinierte analoge und digitale Lösungsverfahren, die sogenannten hybriden Verfahren, spielen. In der Grundwasserhydraulik handelt es sich dabei vor allem um den kombinierten Betrieb von elektrischen Netzwerken und Digitalrechnern. Hierbei werden die durch die Diskretisierung entstehenden riesigen Differenzengleichungssysteme (s. Abschnitt 2.3.) mit Hilfe des elektrischen Netzwerks simultan gelöst, die analogen Werte aller Knoten automatisch abgetastet, durch einen Analog-Digital-Wandler umgesetzt, zwischengespeichert und mittels einer Datenfernübertragung zum Digitalrechner übertragen. Dort werden die Daten verarbeitet, zwischengespeichert und zurück zum elektrischen Netzwerk übertragen. Hier wiederum werden die Werte durch einen Digital-Analog-Wandler umgesetzt und am elektrischen Netzwerk selbst in Form neuer Randbedingungen realisiert. Dieser Zyklus wird sich dabei sehr oft wiederholen.

Leider stehen uns zum gegenwärtigen Zeitpunkt solche Hybridanlagen noch nicht zur Verfügung. Eine Forcierung dieser Entwicklung ist deshalb unbedingt anzustreben. Im Rahmen der Forschungsarbeiten der Forschungsgruppe „Grundwasserhydraulik" des Instituts für Wasserwirtschaft, Berlin, und der Sektion Wasserwesen der Technischen Universität Dresden nimmt diese Problematik einen wichtigen Platz ein.

Zusammenfassung

Ausgehend von der volkswirtschaftlichen Bedeutung der Beherrschung von Grundwasserströmungsvorgängen wird die Problematik ihrer Berechnung dargelegt. Die wichtigsten von der Gemeinsamen Forschungsgruppe „Grundwasserhydraulik" des Instituts für Wasserwirtschaft, Berlin, und der Technischen Universität Dresden in jüngster Zeit auf kybernetischer Grundlage entwickelten informationsverarbeitenden Systeme auf dem Gebiet des unterirdischen Wassers werden dargelegt und ihre Anwendungsbereiche besprochen. Der in den letzten Jahren mit Hilfe solcher Systeme bei der Bearbeitung praktischer Probleme erzielte volkswirtschaftliche Nutzen wird anhand einiger Beispiele eingeschätzt.

Резюме

Исходя из народнохозяйственного значения овладевания процессами потоков грунтовых вод излагается проблематика их подсчета. Излагаются важнейшие системы обработки информации в области подземных вод, разработанные недавно на кибернетической основе объединенной исследовательской группой „Гидравлика грунтовых вод" Института водного хозяйства в Берлине и Технического университета в Дрездене и обсуждается область их применения. Указывается народнохозяйственная польза, достигнутая в последние годы с помощью таких систем при обработке практических проблем.

Summary

The problematic character of calculating processes of ground-water flow is described with regard to the importance for the national economy of mastering them. The description includes the most important information-processing systems recently developed for subterranean water by a common research group "Ground-Water Hydraulics" of the Institute for Water Economy, Berlin, and the Technical University of Dresden on a cybernetic basis. Their fields of application are discussed and the economic benefit obtained by such systems is shown when dealing with practical problems.

Literatur

ABADJIEW, C., & L. LUCKNER: Anwendung der LIEBMANN-Methode für die Lösung der vertikalebenen nichtstationären Filterströmung mit freier Oberfläche bei elektrischen Kontinuummodellen (bulgar.) — (Veröff. in Vorbereitung 1970) (bulgar.).

BUSCH, K.-F., & L. LUCKNER: Grundgesetze der modernen Grundwasserhydraulik. — Bergbautechnik, H. 7 (1967).

— Beitrag zur Lösung von Grundwasserströmungsproblemen durch physikalisch ähnliche Modellversuche. — Bergbautechnik, H. 2 (1968) [1968a].

— Beitrag zur Lösung von Grundwasserströmungsproblemen mit Hilfe hydraulischer und elektrischer Netzwerke. — Bergbautechnik, H. 10 (1968) [1968b].

— Mathematical Models of Ground-Water Flow. — XIIIth Congress of the IAHR, Kioto (Japan), Sept. 1969. Proceedings, Vol. 4 (Subjekt D).

— Grundwasserhydraulik. — VEB dt. Verl. Grundstoffind. (in Vorbereitung 1972).

BUSCH, K.-F., M. HACKESCHMIDT & L. LUCKNER: Einführung in die praktische Simulierung der Grundwasserbewegung mittels elektrisch leitender Papiere und Elektrolyte. — Bergbautechnik, H. 5 (1968) [1968a].

— Lösungsmöglichkeiten stationärer und nichtstationärer Grundwasserströmungsprobleme mittels elektrischer Kontinuummodelle. — Bergbautechnik, H. 6 (1968) [1968b].

BUSCH, K.-F., D. PEUKERT & L. LUCKNER: Beitrag zur Lösung von Grundwasserströmungsproblemen durch Spaltmodellversuche. — Bergbautechnik, H. 3 (1968).

FUHRIG, F., L. MISCHKEWITZ, L. LUCKNER & L. HERRMANN: Das elektrische Analogiegerät „analog 1" — ein Beitrag zur Rationalisierung der Entwässerung der Braunkohlentagebaue. — Bergbautechnik, H. 4 (1968).

HERRMANN, L., & B. RIESS: Geohydraulische Untersuchungen des Tagebaus Reichwalde. — Unveröff. Dipl.-Arb. Techn. Univ. Dresden, Inst. Boden und Wasserwirtschaft, Dresden 1967.

KRAMER, D., D. PEUKERT, F. REICHEL & L. LUCKNER: Geohydraulische Untersuchungen zur Frage der Einstaubewässerung bei Vorhandensein wenig durchlässiger Deckschichten über stark durchlässigen Grundwasserleitern. — Wasserwirtsch.—Wassertechn. oder Z. Landeskultur (in Vorbereitung 1970 bzw. 1971).

KRÄTZSCHMAR, H.-L., & L. LUCKNER: Analoge elektrische Strömungsuntersuchungen zur Klärung des Zusammenhanges zwischen der meßbaren Konzentrationsabnahme eines Tracers in einem Pegel und der natürlichen Grundwasserfließgeschwindigkeit. — Wasserwirtsch.—Wassertechn., H. 4 und 5 (1966).

KRUG, O., L. LUCKNER & L. HERRMANN: Bestimmung der Sicherheit gegen hydraulischen Grundbruch für die Talsperre Kelbra. — Wasserwirtsch.—Wassertechn., H. 5 (1969).

LUCKNER, L.: Beitrag zur Lösung von nichtstationären vertikalebenen Filterströmungsproblemen durch stetige Analogiemodelle. — Internat. Tag. ungar. Akad. Wiss. über Fragen der Sickerung und Brunnenhydraulik, Budapest, Oktober 1966.

— Bemessung diskretisierter Randbedingungen kontinuierlicher Potentialfelder. — Internat. Konferenz über hydraulische Forschung, Brno 1967.

— Geohydraulische Untersuchungen für das Rückhaltebecken Tanneberg. — Teilforschungsbericht der VF „Erosionsbeständigkeit des Dammes und Untergrundes des Rückhaltebeckens Tanneberg" für die WWD Obere Elbe-Mulde, Dresden (TU-Nr. 450 726-2/118/7), Dresden 1968 [1968a].

— Beitrag zur Lösung von Grundwasserströmungsproblemen mit komplizierten Randbedingungen durch elektrische Kontinuummodellversuche. — Unveröff. Diss. Techn. Univ. Dresden, Fak. Bau-, Wasser- und Forstwesen, Dezember 1968 [1968b].

LUCKNER, L., & D. PEUKERT: Absenkungsverlauf bei Galerien und Ermittlung der Restwasserstände. — Unveröff. Vertragsforsch.-Ber. dt. Brennstoff-Inst. Freiberg, Nr. 450 725-2/109/7 und 450 725-2/184/7, Dresden 1968.

— A Contribution to the Solution of Ground-Water Flow Problems by Means of Passive Electrical Analogue Models by Discretization of the Time Variable. — XIIIth Congress of the IAHR, Kioto (Japan), Sept. 1969, Proceedings, Vol. 4 (Subject D).

LUCKNER, L., G. HENNIG & O. CALDONAZZI: Analytische Berechnung der Entwässerungswirkung von Randgalerien bei stationären Strömungsverhältnissen zur Optimierung dieser Entwässerungsanlagen. — Unveröff. Studie Nr. NV K 2/68 für das BKK Regis, Dresden 1969.

LUCKNER, L., G. MÜLLER & D. PEUKERT: Ein Beitrag zur Lösung nichtstationärer Strömungsprobleme gedränter Böden durch stetige Analogiemodellversuche. — Z. Landeskultur, H. 1 (1967).

Luckner, L., G. Müller & J. Quast: Analytical Calculation of Seepage and Underflow of Levees and Dams. – XIIIth Congress of the IAHR, Kioto (Japan), Sept. 1969, Proceedings, Vol. 4 (Subject D).
Luckner, L., D. Peukert & H. Löffler: Beitrag zur Berechnung des durch Sickergräben, Brunnenreihen oder Dränleitungen gewinnbaren Infiltrats aus Oberflächengewässern. – Wasserwirtsch.-Wassertechn., H. 5 (1969).
Luckner, L., J. Quast & S. Kaden: Beitrag zur Lösung von Grundwasserströmungsproblemen durch Analog- und Digitalrechner. – Bergbautechnik, H. 1 (1970).
Müller, G.: Die Beeinflussung der Grundwasserverhältnisse im Stadtgebiet Dresden durch die unterirdische S-Bahn-Strecke. – Unveröff. Studie Büro für Stadtverkehr des Rates der Stadt Dresden, Februar 1970.
Müller, G., L. Luckner & J. Quast: Drängewasserzuflüsse zu Flußpoldergebieten. – Wasserwirtsch.-Wassertechn., H. 2 (1969).
Peukert, D.: Ein Beitrag zur Untersuchung rotationssymmetrischer Grundwasserströmungsprobleme in einem Spaltmodell. – Internat. Konf. über hydraulische Forschung, Brno 1967.
– Ein Beitrag zur Berechnung des Absenkungsverlaufs an Brunnengalerien. – Bergbautechnik, H. 10 (1968).
– Beitrag zur Lösung von Grundwasserströmungsproblemen durch Spaltmodellversuche. – Unveröff. Diss. Techn. Univ. Dresden, Fak. Bau-, Wasser- und Forstwesen, April 1969.
Peukert, D., & L. Luckner: Ein Spaltmodell zur Untersuchung stationärer und nichtstationärer rotationssymmetrischer Grundwasserströmungsprobleme. – Wiss. Z. Techn. Univ. Dresden, H. 1, Dresden 1967.
Quast, J.: Drängewasserzuflüsse zu Flußpoldergebieten. – Meliorationsinform. staatl. Komit. Meliorationen, H. 3 (1970).
Ziegler, A., & D. Peukert: Ermittlung der optimalen Lösung für die Entwässerung des Tagebaufeldes Welzow-Süd. – Bergbautechnik, H. 4 (1968).
Analogietechnik im Küstenschutz (Soz. Arbeitsgemeinschaft): Innendruckprobleme bei dichten Böschungsbefestigungen von scharliegenden Hochwasserschutzanlagen der Ostseeküste. – Wasserwirtsch.-Wassertechn., H. 5 (1970) [1970a].
– Untersuchung nichtstationärer Filterströmungen in und unter Seedeichen. – Teil II: Seedeich Wustrow/Fischland. – Unveröff. Studie NV 4/68 für die WWD Küste–Warnow–Peene, Stralsund 1970 [1970b].
Industrielle Absetzanlage Culmitzsch (Soz. Arbeitsgemeinschaft): Verfahren zur Sicherung des Süddammes der industriellen Absetzanlage Culmitzsch unter Verwendung der eingespülten Bergerückstände bei Verzicht auf konventionelle Abdichtungsmethoden. – Unveröff. Studie Nr. 4-4768-2/03.01 SDAG Wismut (1968).

Die Perspektiven der Erdöl- und Erdgashöffigkeit des Subsalinars im Nordosten der Kaspisenke

Ju. A. Iwanow, z. Z. Gommern

Einführung

In mehreren Becken der UdSSR, die sich durch das Vorkommen von Salzakkumulation auszeichnen, konnte im Subsalinar eine bedeutende Erdöl- und Erdgashöffigkeit nachgewiesen werden. Erdöl- und Erdgaslagerstätten wurden bisher im Subsalinar in der Belorussischen SSR, in Mittelasien und in Ostsibirien erschlossen. In den vergangenen Jahren konnten auch Anzeichen für eine bedeutende Erdöl- und Erdgashöffigkeit des Subsalinars im Nordosten der Kaspisenke festgestellt werden.

Im Nordosten der Kaspisenke ist ein Salinarbecken ausgebildet. Dieses Becken besteht aus zwei größeren tektonischen Einheiten, d. h. aus der östlichen Hälfte der Kaspisenke und aus dem südlichen Teil der Uralsenke (Abb. 1). In diesem Gebiet haben die subsalinaren Schichtenfolgen Präkungur-Alter. Das Subsalinar konnte bisher in der Uralrandsenke und in den Randgebieten der Kaspisenke durch Bohrungen erschlossen werden. In den zentralen Bereichen wurde das Subsalinar in Teufen von 6 bis 11 km abgesenkt, so daß gegenwärtig alle bekannten Angaben über den geologischen Bau nur auf geophysikalischen Meßergebnissen beruhen.

Die Prospektion und Erkundung des Subsalinars setzten 1946 ein. In großem Umfang wurden Such- und Erkundungsbohrungen niedergebracht sowie seismische Untersuchungen mittels Rx- und RNP-Messungen in der Uralrandsenke und im Voruralgebiet von Aktjubinsk durchgeführt. Dabei konzentrierte sich die Erkundung vor allem auf folgende Strukturen des Voruralgebietes von Aktjubinsk: Aleksandrowsk, Petropawlowsk, Schiljansk, Aktjubinsk—Bischtamak, Westaktjubinsk u. a. In den fünfziger Jahren wurden zur Erkundung des Paläozoikums Erkundungs- und Basisbohrungen niedergebracht sowie reflexionsseismische Messungen im östlichen und südöstlichen Randgebiet der Kaspisenke (im Bereich der Felder Dschilan—Said, Kokpekti, Schanasu, Turesei, Tugaraktschan, Sarykum) und im nördlichen Randgebiet der Senke (Felder Karpowsk, Soldatowsk, Zyganowsk) durchgeführt. Seit dem Ende der fünfziger Jahre werden in der Kaspisenke die Horizonte in großen Teufen nach einem einheitlichen Plan der regionalen Übersichtserkundung untersucht. So wurden einige reflexionsseismische und KMgW-Profile vermessen sowie Parameter- und tiefe Suchbohrungen, wie die Bohrungen

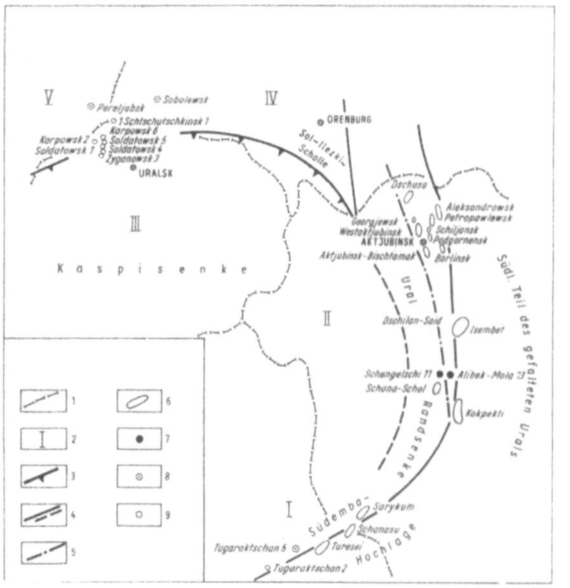

Abb. 1. Übersichtsskizze über den Nordosten der Kaspisenke

1 – Gebietsgrenzen; 2 – Gebiete: I – Gurjewer Gebiet, II – Aktjubinsker Gebiet, III – Uralsker Gebiet, IV – Orenburger Gebiet, V – Kuibyschewer Gebiet; 3 – Nordflanke der Kaspisenke; 4 – die Grenzen der Voruralsenke: a) nachgewiesene, b) angenommene; 5 – angenommene Grenzen im inneren geosynklinalen und im äußeren Tafelbereich der Randsenke; 6 – Strukturen, auf denen schon gebohrt worden ist; 7 – Parameterbohrungen; 8 – Basisbohrungen; 9 – Suchbohrungen

Eingang des Manuskripts in der Redaktion: 19. 5. 1970.
Übers. und wiss. Bearb.: Dr. H. Pätz, Sektion Geowissenschaften der Bergakademie Freiberg.

Schengelschi, Alibek-Mola, Schtuschutschkinsk, Pawlowsk u. a. geteuft. Für die Klärung des geologischen Tiefenbaus der Kaspisenke haben RNP-Messungen sowie seismische Tiefensondierungen und magnetotellurische Messungen aussagekräftige Ergebnisse geliefert (Abb. 1).

1. Stratigraphie, Lithologie, Fazies und Paläogeographie

Durch Bohrungen wurden bisher mitteldevonische Gesteine als älteste Schichtenfolge des Subsalinars erschlossen. Diese sind aus der Übergangszone zur Uralgeosynklinale (Felder Isembet, Kokpekti, Schanasu) bekannt. Dabei handelt es sich um karbonatische, terrigene, effusive und tuffitische Gesteine. Das Oberdevon ist im gleichen Gebiet wie das Mitteldevon ausgebildet. Es besteht aus einer sehr mächtigen (im allgemeinen mächtiger als 2 km) sandig-tonigen Folge, die der germanischen Kulm-Fazies analog ist. Im äußeren Randbereich der Senke (Bohrung Karpowsk-2, in der Nähe der Stadt Uralsk) wurde das Oberdevon in Form detritischer Kalksteine erbohrt.

In den nördlichen, östlichen und südöstlichen Randgebieten der Kaspisenke kommen Tournai-, Visé- und Namur-Ablagerungen vor. Es sind Kalksteinfolgen vom Tafeltyp, die sich durch Einschaltungen terrigener, vor allem toniger Gesteine im unteren Visé auszeichnen.

Im Gebiet der Westflanke des Urals werden die Tafelablagerungen durch die Bildungen der äußeren Zone der Geosynklinale vertreten. Diese Sedimente stellen eine über 2000 m mächtige Wechselfolge von Sand- und Schluffsteinen mit wenigen Konglomerat- und Kalksteineinschaltungen dar. Die oberdevonischen und unterkarbonischen Ablagerungen der äußeren Zone der Geosynklinale werden von A. L. JANSCHIN (1961) als einheitliche Folge betrachtet und als „Grauwackenformation" bezeichnet. Das mittlere Karbon (nach deutscher Gliederung unteres Oberkarbon) wird im wesentlichen von Kalksteinen und Dolomiten gebildet. Gelegentlich kommen Sandsteine und Schluffsteineinschaltungen im Vereja-Horizont vor. Die Gesamtmächtigkeit des mittleren Karbons schwankt zwischen 350 und 500 m. Weiter östlich, im Bereich der äußeren Zone der Geosynklinale, erfolgt eine Vertretung der Kalksteine durch eine über 2000 m mächtige sandig-tonige und karbonatisch-sandig-tonige Flyschfolge. Das Gschel und das Orenburg des Oberkarbons bestehen aus 200—250 m mächtigen Kalksteinen und Dolomiten. Die bis zu 2000—2500 m mächtigen geosynklinalen oberkarbonen Ablagerungen des Vorurals sind den mittelkarbonischen Bildungen analog ausgebildet. Nach Ansicht von I. W. CHWOROWA (1961) bilden beide Schichtenfolgen die Flyschformation des Karbons im Südural. Innerhalb des unterpermischen subsalinaren Präkungur werden im Nordrandbereich der Kaspisenke das Assel, das Sakmara und das Artinsk ausgehalten. Die 200—300 m mächtige Schichtenfolge besteht aus Kalksteinen mit Einschaltungen von Dolomiten und untergeordnet auch von Sulfaten. Im Vorural besteht das Subsalinar aus sehr mächtigen (1,2 bis 3 km) Sandstein-, Schluffstein-, Konglomerat- und Kalksteinfolgen. I. W. CHWOROWA (1961) betrachtet diese Schichtenfolge als zur unteren Molasseformation des Südurals gehörig.

Im Südosten der Kaspisenke bei Sarykum bestehen das Assel und Sakmara aus organisch gebildeten Kalksteinen mit reicher Fauna und Einschaltungen terrigener Gesteine und Dolomite.

Lithologisch gesehen und unter Berücksichtigung der Mächtigkeit, des Individuen- und Artenreichtums der fossilen Fauna, entsprechen diese Ablagerungen den Riffablagerungen der Schiljansker Zone aus der Uralrandsenke (B. K. PROSCHLJAKOW & JU. M. WASILJEW 1962).

Das im Gebiet von Tugaraktschansk angetroffene Artinsk (G. E. AJSENSCHTADT, I. A. PINTSCHUK u. a. 1961) besteht aus einer mächtigen Konglomerat- und Sandstein-Serie, die auf sehr engem Raum durch Dolomite und Tone vertreten wird.

Die Karbon- und Unterperm-(Präkungur-)Ablagerungen im Süden des Orenburger und im Südosten des Kuibyschewer Gebietes lassen nach Süden zur Kaspisenke hin Tendenzen einer geringen Mächtigkeitszunahme erkennen. In gleicher Richtung nimmt auch der Anteil sandiger Folgen im Profil zu. Innerhalb der Kaspisenke schwankt die Mächtigkeit des Subsalinars nach geophysikalischen Meßergebnissen in der gleichen Größenordnung wie auch in den anderen Bereichen der Russischen Tafel. Im Randbereich der Kaspisenke beträgt die Mächtigkeit des Subsalinars 2—3 km, in den zentralen Gebieten steigt sie auf 4—5 km an. An einzelnen Stellen, offensichtlich in grabenartigen Einsenkungen des gefalteten Untergrundes, nimmt die Mächtigkeit, vor allem wegen der mächtigen prädevonischen Ablagerungen, bis auf 6—7 km zu. Nur an wenigen Stellen verringert sich die Mächtigkeit bis auf 1,5 km.

Die subsalinaren Schichten werden von der mächtigen Salzfolge des interpermischen Kungur sowie von sandig-tonigen und karbonatischen Gesteinen des oberen Perms, des Mesozoikums und Känozoikums überlagert. Die Mächtigkeit dieser Deckfolge beträgt 10—11 km.

Die lithologischen Besonderheiten der in den Randbereichen der Kaspisenke erschlossenen Präkungur-Ablagerungen sowie die allgemeinen paläogeographischen Verhältnisse im Südosten der Russischen Tafel berechtigen zu einigen Aussagen über die Faziesverbreitung im Nordosten der Vorkaspisenke. Während des Karbons unterschied sich die geologische Entwicklung dieses Gebietes nicht von jener der benachbarten Bereiche der Wolga—Ural-Provinz. Diese Feststellung wird durch die Analogie der lithofaziellen Verhältnisse der Tafelsedimente des Karbons in den Randgebieten der Kaspisenke sowie in den Gebieten von Orenburg und Kuibyschew gestützt. Eine geringe Mächtigkeitszunahme des Karbons nach Süden zur Kaspisenke hin deutet an, daß sich die Kaspisenke bedeutend intensiver als die nördlichen Randgebiete absenkte, jedoch erfolgte auch in der Kaspisenke die Absenkung nicht einheitlich. Infolge der differenzierten Absenkungsbewegungen wurden einige Gebiete der Kaspisenke nicht so intensiv von der Absenkung erfaßt. Davon zeugen sowohl die verringerten Mächtigkeiten einzelner Horizonte als auch die Ablagerungen sandigen Materials.

Der östliche Rand der Tafel, der an die Geosynklinale grenzt, war während des Karbons als Hochlage ausgebildet. Stratigraphisch spiegelt sich diese Entwicklung durch mehrere Sedimentationslücken im Karbon wider. In der Faziesverbreitung der Karbon-Sedimente lassen sich folgende Gesetzmäßigkeiten erkennen: Nach Westen treten innerhalb der marinen Kalksteine und Dolomite kontinental und lagunär gebildete Gesteinspakete auf. Dabei handelt es sich um Tone, Dolomite und Anhydrite. Im Südosten des Kuibyschewer und im Süden des Orenburger Gebietes streichen diese Gesteinsfolgen fast in Nord—Süd-Richtung. Diese Streichrichtung ändert sich auch nicht mit der Annäherung dieser Folgen an die Kaspisenke, d. h., die gegenwärtige Struktur der Senke war während des Karbons noch nicht angelegt. Nach Osten gehen die Karbonate und Dolomite des Karbons der Tafel in die Bildungen der äußeren Zone der Geosynklinale des Urals über. Sie werden von der „Grauwacken"-Formation des Unterkarbons und von der Flyschformation des oberen Karbons abgelöst. Während des Assel, Sakmara und Artinsk senkten sich der östliche und südöstliche Rand der Kaspisenke im Zusammenhang mit der Anlage der Uralrandsenke ab. Im Bereich einiger Strukturen werden die Tafelsedimente des Karbons von unterpermischen Schichtenfolgen, die deutlich den Einfluß der Randsenke erkennen lassen, bedeckt (Schana—Schol, Sarykum, Tugaraktschan). Jedoch hat die gesamte Kaspisenke zu dieser Zeit allem Anschein nach noch keine intensive Einsenkung erfahren. Im Osten der Orenburg—Aktjubinsker Randsenke sind alluviale und marine Flachwassersedimente, wie Konglomerate, Sandsteine, Tone und Kalksteine, verbreitet. Westlich davon kommen flyschartige sandig-tonige Schichtenfolgen vor. Noch weiter westlich werden die lithofaziellen Verhältnisse in der Senke durch tonig-karbonatische Gesteine vom Tiefwassertyp charakterisiert. Eine Riffzone trennt diese Tiefwasserfazies vom Flachwasserepikontinentalbecken der Tafel. Im Orenburger Gebiet erstrecken sich parallel zu den Faziesbereichen der Randsenke Kalksteine und Dolomite in typischer Flachwasserausbildung. Nach Westen gehen diese Ausbildungen in Dolomite und Anhydrite über. Nach Süden ändert die Grenze zwischen den marinen und lagunär-marinen Faziesausbildungen ihre Streichrichtung nach West—Ost, als würde sie die Kaspisenke im Norden begrenzen. Diese Faziesverteilung läßt den Schluß zu, daß im Assel, Sakmara und Artinsk im Nordosten der Kaspisenke marine Verhältnisse ausgebildet waren, die nach Nordwesten und Westen in lagunär-marine und lagunäre Faziesbereiche übergingen. Im Zentralteil der Kaspisenke kann man die Ausbildung kalkig-dolomitischer Schichtenfolgen mit einer möglichen Einschaltung von Sulfaten erwarten. Während des Kungur erfolgte eine Abtrennung der Kaspisenke von den höhergelegenen Bereichen der Russischen Tafel. Dabei senkte sich die Kaspisenke sehr tief ab, und es wurden mächtige Salzfolgen abgelagert.

Hinsichtlich der dargelegten Ansicht über die Genese der Kaspisenke sei erwähnt, daß es auch andere Vorstellungen darüber gibt. Mehrere Geologen vertreten die Meinung, daß die Kaspisenke schon während des Devons angelegt worden ist. Ferner wurden Vorstellungen über die Anlage der Kaspisenke zu Beginn des Perms geäußert. Beide Richtungen vertreten aber die Ansicht, daß die Kaspisenke bis zum Kungur als nichtkompensiertes Senkungsgebiet ausgebildet war. Im Zentralteil dieses Senkungsgebietes sollen geringmächtige Beckensedimente abgelagert worden sein, während in den Randbereichen dieser Senke Barrieretiffe entstanden sein sollen. Nach Ansicht dieser Geologen hat die lange Senkungsperiode, die nicht durch eine entsprechende Sedimentation kompensiert wurde, die Voraussetzung für die Ablagerung der mächtigen Salzfolgen im Kungur geschaffen. Es muß aber darauf aufmerksam gemacht werden, daß es gegenwärtig noch nicht genügend geologische Anhaltspunkte für die Bestätigung dieser Hypothesen gibt. Andererseits sind aber geologische Anzeichen, wie das Vorkommen von Karbon in Tafelausbildung im Osten und Südosten der Kaspisenke, bekannt, die diesen Hypothesen widersprechen.

2. Tektonik

Die Oberkante der subsalinaren Präkungur-Ablagerungen wurde in allen Bohrungen im Artinsk angetroffen. Eine Ausnahme bilden die Bohrungen im Osten der Senke. In diesem Gebiet ist die Oberkante als Erosionsfläche ausgebildet. Dadurch ändert sich das Alter der Subsalinaroberkante im Bereich einzelner Strukturen wie folgt: Auf der Struktur Schengelschi wurde sie im Artinsk angetroffen. Nach Osten haben die Bohrungen unter dem Kungur immer ältere Gesteine erschlossen. So liegt die Oberkante des Subsalinars im Bereich der Kuppel von Dschan—Said im unteren Karbon.

Im Nordosten der Kaspisenke hat der gefaltete Untergrund unterschiedliches Alter. Der Untergrund in jener Zone, die dem geosynklinalen Teil der Uralrandsenke entspricht, wurde wahrscheinlich im unteren Paläozoikum gefaltet. Demgegenüber sollen nach Meinung der meisten Geologen die äußeren Zonen der Uralrandsenke und die Kaspisenke ein Teil der Russischen Tafel sein. Damit müßte der Untergrund dieser Bereiche ebenso wie auf der Russischen Tafel präkambrisch konsolidiertes Kristallin sein. Nach geophysikalischen Meßergebnissen (magnetotellurische Tiefensondierung und KMgW) liegt das Kristallin im Zentralteil der Kaspisenke in 12—17 km Teufe, wobei durch Tiefenbrüche manche Blöcke gehoben (12—15 km Tiefe) und andere Blöcke abgesenkt (15—17 km Tiefe) worden sind (Abb. 2). Im Bereich der Nordflanke der Kaspisenke lagert der gefaltete Untergrund in 8 km Teufe. Die Kaspisenke wird von der Russischen Tafel durch eine Serie von Kulissenbrüchen getrennt. Von der Beckenmitte her zu den östlichen und südöstlichen Flankenbereichen hin steigt der gefaltete Untergrund bis in Teufen von 8—9 km auf. Im Voruralgebiet dagegen senkt sich der gefaltete Untergrund bis zur Uralhauptstörung auf 10—14 km ab. Dadurch bildet der gefaltete Untergrund im Osten der Kaspisenke eine wallartige Hochlage, die sich in Nord—Süd-Richtung vom Südrand der Sol—Ilezki-Scholle bis nach Tugaraktschan erstreckt.

Die Lagerungsverhältnisse der Oberkante des Subsalinars sind nach Rx-, RNP-Messungen, nach den Ergebnissen der seismischen Tiefensondierung sowie nach Bohrergebnissen bekannt. In den zentralen Bereichen der Kaspisenke liegt die Oberkante des Subsalinars in Teufen bis zu 11 km. Zur nördlichen Flanke hin steigt sie bis auf 5 km Teufenlage an, nach Osten und Südosten lagert sie im Teufenbereich von 2,5 bis 3,5 km. Im östlichen Teil des Vorurals von Aktjubinsk stehen Präkungur-Ablagerungen an der Oberfläche an. Nach dem Strukturplan der Oberkante des Subsalinars unterscheidet man folgende drei Großelemente: 1. die Randgebiete, 2. die Beckenflanke und 3. den zentralen Teil der Kaspisenke.

Die Randgebiete erstrecken sich als schmaler Streifen längs der das Untersuchungsgebiet umgebenden Störungen und Flexuren. Sie charakterisieren das verhältnismäßig steile monoklinale Abtauchen der Oberkante des Subsalinars. Eine Schwelle im gefalteten Untergrund, die sich im nördlichen Randgebiet erstreckt, spiegelt sich im Paläozoikum durch eine 2—4 km breite Zone von Flexuren und Störungen mit großen Sprunghöhen wider. Auf der inneren Seite der Randschwelle sind große flache subsalinare Hochlagen ausgebildet, die parallel zum Rand der Kaspisenke angeordnet sind.

Das jüngere Paläozoikum im Voruralgebiet von Aktjubinsk ist innerhalb der inneren Geosynklinalzone der Randsenke verfaltet worden. So sind Serien langgestreckter Antiklinalen in Nord—Süd-Streichrichtung ausgebildet, die zur Kaspisenke hin abtauchen. Bei den Strukturen, die unmittelbar östlich der Uralhauptüberschiebung vorkommen (Aleksandrowsk, Belogorsk, Sintass), handelt es sich um stark gefaltete Antiklinalen, die durch breite synklinale Einsenkungszonen voneinander getrennt werden.

Im Top dieser Antiklinalen stehen oberkarbone Sedimente sowie Ablagerungen des Assel und Artinsk an der Oberfläche an. Ferner ist die Ausbildung vieler Störungen in Form von Abschiebungen für diese Antiklinalen typisch. Weiter westlich taucht die Oberkante des Artinsk unter das Salinar des Kungur ab. Innerhalb dieser Zone sind im Artinsk Kofferfalten ausgebildet. Tektonische Störungen treten in dieser Zone nur untergeordnet auf. Den subsalinaren Hochlagen entsprechen in den darüberliegenden Schichtenfolgen Salzstrukturen (z. B. Aktjubinsk—Bischtamak, Westaktjubinsk u. a.). Westlich dieser Zone taucht die Subsalinarfolge flach zur Kaspisenke hin ab. In diesem Gebiet klingt die intensive Faltung aus.

Ungefähr auf der geographischen Höhe des Ortes Emba greift die Randsenke auf den gefalteten Untergrund der Tafel über. Im Gebiet von Schengelschi wurde das Subsalinar sowohl in der Randsenke als auch in den angrenzenden Gebieten der Kaspisenke gefaltet. Dabei entstanden mehrere Hochlagen mit Amplituden der Oberkante des Subsalinars von 250 bis 400 m. Diese Strukturen verlaufen parallel zum gefalteten Ural. Die östliche Verbreitungsgrenze des Subsalinars wird durch eine Zone regionaler Störungen gebildet.

Im Südosten der Kaspisenke lagert das Subsalinar monoklinal, wobei es im Bereich der Südemba-Hochlage wieder aufsteigt. Der Topbereich der Südemba-Hochlage wird von Tafelsedimenten des Karbons gebildet, die vom Mesozoikum überlagert werden. Bei geophysikalischen Messungen spiegelt sich diese Hochlage durch gravimetrische und magnetische Maxima wider.

Im Nordwesten und im Südosten wird die Hochlage von tiefen Bruchstörungen begrenzt. Südöstlich der Hochlage sind geosynklinale Schichtenfolgen des unteren Karbons und des Devons verbreitet.

Die Subsalinarflanke wird im Teufenbereich zwischen 6 und 9 km bedingt ausgegliedert. Im Gegensatz zu den Randgebieten taucht im Südosten die Subsalinaroberkante nur flach ein. Im Bereich der Monoklinale werden Terrassen, Flexuren und Strukturen sowie ausgedehnte

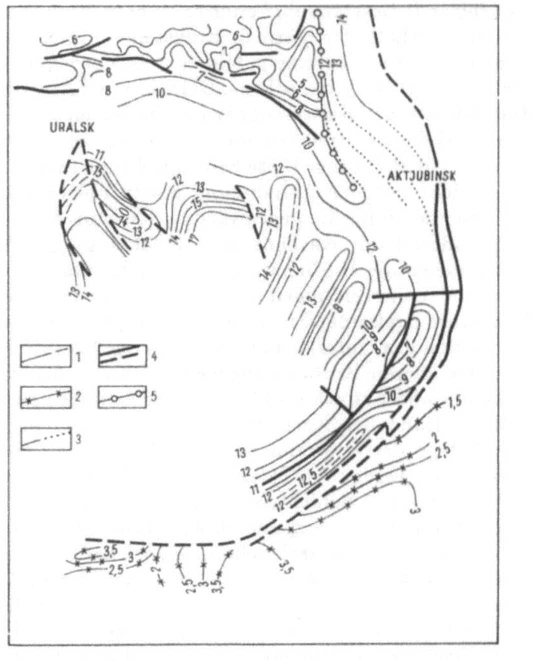

Abb. 2. Schematische Darstellung des geologischen Baues des gefalteten Untergrundes im Nordosten der Kaspisenke (zusammengestellt von W. P. SMETANINA & JU. A. IWANOW, nach Unterlagen von N. W. NEWOLINA, A. M. WILENTSCHINA, W. A. KLUBOWA, F. I. SCHALYBINA, O. K. SMIRNOWA u. a. 1966)

1 — Tiefenlinien der Oberkante des präkambrisch konsolidierten Untergrundes; 2 — Tiefenlinien der Oberkante des paläozoisch konsolidierten Untergrundes; 3 — Tiefenlinien der Oberkante des gefalteten Untergrundes nach gravimetrischen Meßergebnissen; 4 — tektonische Hauptstörungen im gefalteten Untergrund; 5 — Störungen im Grenzbereich zwischen dem gehobenen Teil der Russischen Tafel und der Voruralsenke

und flache lokale Hochlagen ausgehalten. Die Strukturelemente bilden in diesem Gebiet die Streichrichtung des tektonischen Großelementes nach; sie verlaufen parallel zur Hochlage. Die gehobenen und gesenkten Beckenteile werden durch Bruchstörungen oder Flexuren voneinander getrennt, wodurch es möglich wird, mehrere Blöcke zu unterscheiden. Der zentrale Teil der Kaspisenke stellt sich als ein relativ ungegliedertes horizontales Relief dar, das in 9 km Teufe lagert. Dabei treten einzelne gleichförmige Abschnitte auf, die bis in Teufen von 10 bis 11 km abgesenkt worden sind. Die tieferen Schichten des Subsalinars lagern gewöhnlich parallel zur Oberkante des gefalteten Untergrundes. Diese Aussage erfolgt auf Grund der Verbreitung des Refraktionshorizontes P_2, der sich mit der Unterkante des Vereja-Horizontes (nach sowjetischer Gliederung mittleres Karbon) korrelieren läßt. Im Bereich des N—S streichenden Abschnittes südlich der Sol—Ilezki-Scholle konnte eine größere Heraushebung des gefalteten Untergrundes im Osten der Kaspisenke nachgewiesen werden. In diesem Gebiet müßten die unteren und mittleren paläozoischen Schichtenfolgen, die das Fundament bedecken, ebenfalls in Form einer ausgedehnten und langgestreckten wallartigen Struktur ausgebildet sein. Weiter östlich, im Gebiet der Uralrandsenke, ist die Lage der Strukturstockwerke untereinander unterschiedlich: So steigt die Oberkante des Subsalinars nach

Osten an, während die Oberkante des gefalteten Untergrundes in gleicher Richtung abtaucht. Über die Verbreitung der Uralrandsenke in dem behandelten Gebiet gibt es unterschiedliche Vorstellungen. Nach Ansicht des Autors erstreckt sich die Randsenke vom Orenburg—Aktjubinsker Voruralgebiet bis zur Südemba-Hochlage (Abb. 1). Diese Meinung begründet sich darauf, daß im Aktjubinsker Vorural und südlich davon im Bereich der Strukturen Schengelschi (Brg. P II) Schana—Schol (Brg. G 1), Kokpekti (Brg. G-1, G-2, G-5), Sarykum (Brg. 1, 2), Tugaraktschan (Brg. 5, 1a) unterpermische Molasse und oberkarbonischer Flysch erschlossen worden sind. Mächtigkeit und fazielle Ausbildung dieser Schichten zeugen von ihrer Ablagerung innerhalb der Randsenke. Als weiteres Anzeichen für die Ausbildung der Randsenke müssen die geophysikalischen Ergebnisse über die Absenkung des gefalteten Untergrundes längs des gesamten Ost- und Südostrandes der Kaspisenke angesehen werden. Im Aktjubinsker Vorural und im Gebiet von Schengelschi erfaßt die Randsenke sowohl den Untergrund der Tafel als auch den der Geosynklinale. Südlich der Antiklinale Kokpekti ist die Randsenke im Tafelbereich ausgebildet. Der Westgrenze der Randsenke entspricht wahrscheinlich der Abschnitt, in dem der gefaltete Untergrund relativ hoch liegt. Diese Grenze läßt sich von der Sol—Ilezki-Scholle in südlicher Richtung verfolgen. Die Grenze zwischen der Randsenke und dem varistisch gefalteten Gebiet ist tektonischer Art.

3. Perspektiven der Erdöl- und Erdgasführung

In der äußeren Zone des Nordrandes der Kaspisenke wurden auf den Strukturen Karpowsk und Schtschutschkinsk Erdöl- und Erdgasanzeichen im Tournai, im Bobrikowhorizont, im Tulahorizont, im Podolhorizont und im unteren Perm festgestellt. Beim Test der Bohrung 2 auf der Struktur Karpowsk wurde im Bobrikowhorizont und im Tulahorizont eine begrenzte Gassättigung der Formationswässer, wie sie für den Bildungsvorgang von Gas- und Gas-Öl-Lagerstätten charakteristisch ist, festgestellt. Es muß dabei erwähnt werden, daß es sich bei den Strukturen Karpowsk und Schtschutschkinsk um Strukturnasen handelt, d. h., es sind keine völlig in sich geschlossenen Antiklinalstrukturen.

Am Ostrand der Kaspisenke hat man in der ersten Bohrung auf der Struktur Schana—Schol, die das mittlere Karbon (Oberkarbon) erschloß, Erdöltröpfchen und Erdgasanzeichen in den Kalksteinen des Podol festgestellt. In der Bohrung Turesei 3 wurden Erdgasanzeichen im Tula- und im Aleksinahorizont nachgewiesen. Wie bekannt, kommen wirtschaftliche Erdöl- und Erdgaslager sowie auch bedeutende Erdöl- und Erdgasanzeichen im Kungur, im oberen Perm und in der Trias der Kaspisenke vor, wobei innerhalb dieser Schichtenfolgen keine Erdöl- oder Erdgasmuttergesteine ausgebildet sind. Die Genese dieser Lagerstätten ist wahrscheinlich auf eine Vertikalmigration der Kohlenwasserstoffe aus den tiefer liegenden Schichtenfolgen zurückzuführen. Günstig für die Lagerstättenbildung sind die hydrogeologischen Verhältnisse im Subsalinar, wie das Auftreten hochgespannter, stark mineralhaltiger Wässer des Chlor-Kalzium-Typs mit einer begrenzten Gassättigung. Die mittlere effektive Speichermächtigkeit des Subsalinars ist nicht geringer als in den Erdöl und Erdgas führenden Nachbargebieten der Kaspisenke. Auch in der Zone der Geosynklinalentwicklung sind intensive Erdöl- und Erdgasanzeichen bekannt. So wurden auf den Strukturen Isembet, Tschiili, Dschilan—Said, Kokpekti und Schana—Su im Devon und Unterkarbon Erdöl- und Erdgasanzeichen festgestellt. Im Aktjubinsker Vorural konnten auf den Strukturen Aleksandrowka, Belogorsk, Petropawlowsk und Borlinsk Erdölanzeichen und wirtschaftliche Gasmengen im Oberkarbon sowie im Assel und Sakmara nachgewiesen werden. Kleinere Erdöl- und Erdgaslager wurden auf den Strukturen Schilansk, Podgornensk und Aktjubinsk—Bischtamak im Artinsk erbohrt.

Nordwestlich und nördlich der Kaspisenke erstreckt sich die Wolga—Ural-Erdölprovinz mit den großen Erdöl- und Erdgaslagerstätten im Paläozoikum.

Wenn man davon ausgeht, daß die geologische Entwicklungsgeschichte der Kaspisenke bis zum Kungur der Entwicklung des Wolga—Ural-Gebietes analog war, dann könnte man mit einer ausgedehnten Erdöl- und Erdgasführung des Subsalinars der Kaspisenke rechnen. Die Kaspisenke ist eines der höffigsten Gebiete für den Nachweis von Großlagerstätten. Diese Feststellung wird durch das Vorkommen geeigneter Schichtenfolgen, die eine Migration der Kohlenwasserstoffe aus dem Beckeninneren in die Randgebiete ermöglichen, gestützt. Außerdem kommen lokale Hochlagen sowie undurchlässige Salzfolgen vor, die für die Fallenbildung alle Voraussetzungen boten.

Gegenwärtig kann nur das Subsalinar der inneren und äußeren Randgebiete der Senke als erkundungswürdig angesehen werden, da das Subsalinar im Beckeninneren in zu großen Teufen lagert, die technisch noch nicht routinemäßig erschlossen werden können. Deshalb bieten sich als hochperspektivische Gebiete alle jene an, in denen das Subsalinar in Tafelfaziesausbildung nicht tiefer als 5000 m liegt. Ferner gehören die gehobenen Subsalinarfolgen im Osten und Südosten der Kaspisenke sowie in der Uralsenke zum hochperspektivischen Gebiet. Als Erkundungsobjekte bieten sich vor allem die Hochlagen von Schana—Schol, Kenkijak, Ittasai und Karaul—Keldy an. Ebenfalls perspektivisch sind die subsalinaren Folgen der 4000 bis 5000 m tief liegenden Hochlagen im Südembagebiet. In der Uralrandsenke sollte vor allem der Westrand im Süden des Orenburger Gebietes geologisch untersucht werden. In diesem Gebiet ist die Fortsetzung des baschkirischen Erdöl-Erdgas-Lagerstättenzuges in den Riffen der Uralrandsenke zu erwarten. Die Bohrergebnisse von Sarykum berechtigen durchaus zu der Annahme, Riffe im Südosten der Kaspisenke nachzuweisen. Dabei werden die Riffe wahrscheinlich in langgestreckten Zonen in jener Zone vorkommen, die unmittelbar an die regionalen tektonischen Störungen anschließt. Von besonderer Bedeutung sind auch die Strukturen auf der Nordflanke der Kaspisenke, so vor allem die große Hochlage von Beresowo. Es besteht dabei die Möglichkeit, daß in jenen Abschnitten, die unmittelbar an die Hochlage im Flankenbereich stoßen, Verwerfungslagerstätten nachgewiesen werden können.

Als hochperspektivische Horizonte des paläozoischen Subsalinars der Kaspisenke wie auch im Wolga—Ural-

Erdölgebiet müssen die Horizonte des unteren Karbons und des terrigenen Devons angesehen werden. Als besonders günstig für den Aufschluß dieser Schichtenfolgen erweist sich das schon früher erwähnte Gebiet mit dem gehobenen Untergrund, das sich von der Sol—Ilezki-Scholle nach Süden hin erstreckt. In diesem Bereich kann die Ausbildung von Antiklinalstrukturen in den unteren und mittleren paläozoischen Schichtenfolgen erwartet werden. Das Verbreitungsgebiet der Geosynklinalsedimente, wie der Osten der Uralrandsenke und der Westhang des Urals, sind Gebiete mit geringerer Erdöl- und Erdgashöffigkeit. Bei der Gliederung dieses Gebietes nach seiner Höffigkeit werden zwei Zonen ausgehalten.

Der Osten des Aktjubinsker Vorurals und das Gebiet von Westprimugodscharje werden als perspektivlose Gebiete betrachtet. In diesem Bereich sind die Präkungur-Sedimente des Paläozoikums intensiv tektonisch beansprucht worden. Ferner wurden diese Folgen einer Metamorphose unterzogen, und sie stehen z. T. an der Oberfläche an, oder sie werden von einer nur geringmächtigen mesozoischen Schichtenfolge, die gleichzeitig Einzugsgebiet der Tiefenwässer ist, bedeckt.

Westlich davon tauchen die Präkungur-Folgen unter die Salzfolgen ab. Sie zeichnen sich in diesem Gebiet durch flache Strukturen aus. Dieses Gebiet könnte zur perspektivischen Zone gerechnet werden.

Erdöl- und Erdgasvorkommen könnten im Subsalinar durch Bohrungen mit Teufen zwischen 5—6 bzw. 7,5 km erschlossen werden. Gegenwärtig verfügt man auch schon über entsprechende Erfahrungen beim Abteufen solcher Bohrungen in der Kaspisenke. Vor dem Niederbringen derartig tiefer Bohrungen müssen spezialseismische Messungen auf den abzubohrenden Strukturen durchgeführt werden. Es wird deshalb verlangt, daß wegen der großen Bedeutung für die Erkundung die Aussagekraft und die Genauigkeit der seismischen Verfahren erhöht werden. So wird es möglich sein, solche Methoden wie RNP, die seismische Tiefensondierung und die magnetotellurische Sondierung in großem Maße als wissenschaftlich begründete Verfahren einzuführen. Die Durchführung dieser teuren Arbeiten wird durch die großen Höffigkeitsaussichten und die Möglichkeit, in der Kaspisenke Erdöl- und Erdgasgroßlagerstätten nachzuweisen, vollauf gerechtfertigt.

Zusammenfassung

Subsalinare Folgen sind für die Erdöl- und Erdgasführung von großer Bedeutung. Am Beispiel der Kaspi-Senke werden die stratigraphischen, lithologischen, faziellen und paläogeographischen Verhältnisse des subsalinaren Prä-Kungur beschrieben.

Einen entscheidenden Einfluß auf die Erdöl- und Erdgasführung haben neben den genannten Faktoren vor allem die tektonischen Verhältnisse. Im Untersuchungsgebiet werden sowohl die Beziehungen zwischen der Ural-Randsenke und der Kaspi-Senke als auch die Teufenlage und Ausbildung des gefalteten Untergrundes und seine Beziehung zum Subsalinar untersucht. Es kommen lokale antiklinale Hochlagen vor, die als Fallen geeignet sind. Direkte Erdöl- und Erdgasanzeichen sowie stark mineralhaltige Wässer unterstreichen die Erdöl- und Erdgashöffigkeit des Subsalinars der Kaspi-Senke. Im Vorural von Aktjubinsk wurden bisher in drei Strukturen im Artinsk kleinere Erdöl- und Erdgaslager erbohrt.

Die weitere Untersuchung der Kaspi-Senke sollte vor allem durch die Anwendung feldgeophysikalischer Methoden erfolgen.

Summary

Subsaliferous sequences are of great importance to oil and gas bearing beds. The Caspian depression serves as an example to describe the stratigraphical, lithological, facies and palaeogeographical conditions of the subsaliferous Pre-Kungur.

Besides these factors a decisive influence on the content of oil and gas is above all exerted by the tectonic conditions. In the area under discussion both the relations between the Uralian marginal deep and the Caspian depression and the position of depth and development of the folded basement and its relation to the subsaliferous beds are investigated. Local anticlinal elevated regions suited as traps occur. Probable oil and gas contents are emphasized by direct indications and highly mineralized waters. So far in the Pre-Urals of Aktyubinsk minor oil and gas deposits have been found by boring in three structures of the Artinsk.

Further investigations in the Caspian depression should above all be made by means of field-geophysical methods.

Резюме

Большое значение для нефтегазоносности имеют подсолевые толщи. На примере Прикаспийской впадины дается описание стратиграфических, литолого — фациальных и палеогеографических условий подсолевых докунгурских отложений. Наряду с названными факторами, решающее влияние на нефтегазоносность имеют тектонические условия. В районе исследования были изучены отношения между Предуральским прогибом и Каспийской впадиной. Кроме того, были рассмотрены глубина залегания и строение фундамента в отношении к подсолевым отложениям. Были выявлены локальные антиклинальные поднятия, образующие возможные ловушки. Наличие прямых нефтегазопроявлений и высокоминерализованных вод подчеркивает возможность нефтегазоносности подсолевых отложений Прикаспийской впадины. В актюбинском Приуралье в трех структурах пока обнаружены небольшие залежи нефти и газа в артинском ярусе.

Предполагается применение, прежде всего, полевых геофизических методов при проведении дальнейших исследовательских работ в Прикаспийской впадине.

Literatur

AISENSCHTADT, G. E., & A. S. PINTSCHUK u. a.: Basisbohrungen der UdSSR. Südemba 2 und Tugaraktschan 5. — Verl. Gostoptechisdat, Leningrad 1961 [russ.].

CHROWOWA, I. W.: Die Flysch- und untere Molasseformation des Südurals. — Verl. Akad. Wiss. UdSSR, Bd. 37 (1961) [russ.].

JANSCHIN, A. L., R. G. GARASKI, S. N. NAUMOWA & A. E. SCHLESINGER: Über die Lage der Grenze der Russischen Tafel östlich des Kaspischen Meeres. — BMOIP, now. ser., Bd. XXX, N. 4 (1961) [russ.].

PROSCHLJAKOW, B. K., & JU. M. WASILJEW: Riffbildungen im Südembagebiet. — Trudy MINCHIGP (1962) [russ.].

Zeitschrift für angewandte Geologie, Bd. 16 (1970), Heft 9/10

Über die Bestimmung des Bildungszeitpunkts von Lagern und des Alters von Erdölen und Gasen

A. I. TSCHISTOWSKIJ, UdSSR

In den letzten Jahren fand die Methode zur Einschätzung des Bildungszeitpunkts von Gaslagern nach der in der Falle vorhandenen Gasmenge umfassende Verbreitung. Die Aufgabe läuft darauf hinaus, die geologische Zeit zu bestimmen, zu der das Fallenvolumen mit dem im Lager vorhandenen Gasvolumen identisch war. W. A. KIROW (1964) schlug zur Lösung dieser Aufgabe für Gaslager ein graphisches Verfahren vor (JEREMENKO 1961), das auf der Gegenüberstellung der Fallenvolumina (die man mit Hilfe paläotektonischer Konstruktionen bestimmt) und der von der Gasphase zu unterschiedlichen geologischen Zeitpunkten eingenommenen Lagervolumina beruht (diese bestimmt man nach dem Gesetz von BOYLE-MARIOTTE). Für Erdöl- und Erdöl-Erdgas-Lager kann diese Aufgabe analog gelöst werden. In diesem Fall ist die Bestimmung des von Erdöl und Erdgas bei bestimmten Drücken und Temperaturen eingenommenen Volumens mit der Berechnung von Phasenübergängen im System Erdöl—Erdgas verbunden. Bei einem Schichtdruck, der größer ist als $P_{\text{sätt}}$ (Gassättigungsdruck des Erdöls), liegt das System der Kohlenwasserstoffe in der Schicht in einphasigem (flüssigem) Zustand vor. Die Volumenveränderung des Erdöls bei Druck- und Temperaturänderungen in der Schicht (infolge der elastischen Eigenschaften und der Wärmeexpansion des Erdöls) sind unbedeutend. Bei Schichtdrücken, die niedriger sind als der Sättigungsdruck, befindet sich das System der Kohlenwasserstoffe im Lager in zweiphasigem Zustand. Die Volumina, die von der flüssigen Phase ($V'_{ö}$) und der Gasphase (V'_g) eingenommen werden, können aus den Gleichungen

$$V_{\text{ges}} = V'_{ö} + V'_g \quad (1)$$

$$V'_{ö} = V_{ö} \cdot b \quad (2)$$

$$V'_g = \frac{V_g - \alpha P V_{ö}}{fP} z \quad (3)$$

bestimmt werden, wobei V_g — die gesamte Gasmenge im Lager in m³; $V_{ö}$ — die Ölmenge im Lager in m³; αP — die Löslichkeit des Gases im Öl beim Druck P und der diesem Druck entsprechenden Temperatur und z — der Kompressibilitätskoeffizient der gasförmigen Phase unter den betrachteten Bedingungen sind,

$$f = \frac{273}{T} \quad (4)$$

wobei T — die Temperatur in °K; b — der Volumenkoeffizient des Erdöls bei der Temperatur T und dem Druck P sind.

Beschäftigen wir uns eingehender mit der Bestimmung eines jeden Wertes in den Formeln (1—3). V_g und $V_{ö}$ werden bei der Berechnung der Erdöl- und Erdgasvorräte bestimmt.

$$\left.\begin{aligned} V_g &= V_{ö} \cdot r \text{ (für Erdöllager)} \\ V_g &= V_{ö} \cdot r + V_{gK} \text{ (für Erdöl-Erdgas-Lager)} \end{aligned}\right\} \quad (5)$$

wobei r — der Gehalt von in Erdöl gelöstem Gas in m³/m³; V_{gK} — die in der Gaskappe enthaltene Gasmenge in m³ sind. z wird auf Grund der Zusammensetzung der Gasphase bei P und T bestimmt. Die Zusammensetzung des Gases bei P und T und die Gaslöslichkeit im Erdöl können durch Degasierungsexperimente des Schichtöls bei verschiedenen Drücken und Temperaturen bestimmt werden; b wird aus den Angaben über die Gassättigung des Erdöls und die Temperatur bestimmt.

Bei Gegenüberstellung der Volumina, die von Erdöl und Erdgas eingenommen werden, und denen der Falle zu verschiedenen Zeitpunkten der geologischen Entwicklung sind auch die Porosität und die Koeffizienten der Erdöl- und Erdgassättigung zu berücksichtigen. Der Schnittpunkt der Kurve der zeitlichen Veränderung der Aufnahmefähigkeit des Porenraumes einer Falle mit der des jeweils von Erdöl und Erdgas eingenommenen Volumens charakterisiert den Zeitpunkt (und dementsprechend die Teufenlage), in dem die Aufnahmefähigkeit der Falle gleich dem Volumen ist, das von den Fluiden (Erdöl und Erdgas) eingenommen wird. Strenggenommen darf man diesen Moment nicht als die Zeit der Lagerbildung annehmen. N. A. JEREMENKO (1961) weist darauf hin, daß der auf diese Weise bestimmte Zeitpunkt t für Gaslager folgendes ausdrückt: „Wann die ersten Gasmengen in die Falle gelangten, bleibt unbekannt, jedoch konnte die letzte Teilmenge des im Lager befindlichen Gases in dieses erst zum Zeitpunkt t, d. h. nach der Absenkung des Lagers in eine entsprechende Teufe, eindringen. Bei niedrigeren Drükken und Teufen hätte das im Lager befindliche Gas in der Falle keinen Platz gefunden." Letzteres trifft auch für Öl- und Öl-Gas-Lager zu.

Unter Benutzung der obenangeführten Formeln wurden vom Verf. Berechnungen zur Füllung struktureller Fallen mit Erdöl und Erdgas in der Schicht D_{IV} der Lagerstätte Muchanowo vorgenommen. Wie die von P. G. TRUSCHKIN und A. A. GORELOW durchgeführten paläotektonischen Analysen zeigten, war die Struktur bereits gegen Ende des Devons zu 70—80% ausgebildet. Das rezente Volumen der Falle beträgt

Aus: „Geologija nefti i gasa", H. 1, 1969, S. 32—35.
Übers.: W. TOBIAS, ZGI, Berlin.
Wissenschaftl. Bearb.: BERNHARD REH.

$42{,}4 \cdot 10^6$ m³. Die Berechnung zeigt, daß die Falle in der Schicht D_{IV} bereits bei Teufen von ca. 100—200 m nicht nur das Erdöl, sondern auch das in ihm gelöste Gas aufnehmen könnte, wenn dieses sich unter entsprechenden thermodynamischen Bedingungen in freier Phase befände. Das bestätigt die Angaben über die frühe Bildung der devonischen Lager des Kuibyschewer Wolgabogens, die auf der Basis einer komplexen Analyse geologisch-geochemischer Unterlagen auf Ende Devon bis Anfang Karbon datiert wird.

Der Gassättigungsdruck des Erdöls ist ein äußerst wichtiger Parameter, der zur Lösung geochemischer Aufgaben und zur Suche benutzt wird. Trotzdem werden bei seiner Verwendung häufig Fehler gemacht, die mit der Vernachlässigung gewisser Faktoren zusammenhängen (z. B. wird die Bildungszeit von Erdöllagern nach dem Gassättigungsdruck des Erdöls bestimmt).

Das von GASSOU dargelegte Prinzip dieser Bestimmung basiert auf der nach Meinung des Verf. sehr formalen Annahme, daß bei der Bildung des Erdöllagers das Erdöl vollständig mit Gas gesättigt ist. Es besteht keinerlei Notwendigkeit, die Möglichkeit der Migration und der Bildung der Lager von Erdöl in einphasigem (ungesättigtem) Zustand zu beweisen. Das wurde sehr überzeugend in den Arbeiten von W. P. SAWTSCHENKO, A. L. KOSLOW u. a. dargelegt. Bei Bestimmung der Bildungszeiten wird die Möglichkeit einer Erhöhung des Gassättigungsdrucks des Erdöls infolge Lösung einer ursprünglich vorhandenen Gaskappe im Erdöl überhaupt nicht berücksichtigt. W. A. KIROW (1964) schlug vor, diese Erscheinung dadurch zu berücksichtigen, daß man die Methode der Altersermittlung nur für die im Fallensystem hypsometrisch am höchsten gelegenen Lager anwendet. Nicht berücksichtigt wird auch der Faktor einer Abnahme der Gassättigung und des Sättigungsdrucks des Erdöls infolge unterirdischer Oxydation der Kohlenwasserstoffe, durch Diffusion usw. Betrachten wir noch einen Faktor, der bei der Bestimmung des Bildungszeitpunkts mit Hilfe des Gassättigungsdrucks des Erdöls nicht berücksichtigt wird. Der Wert des Gassättigungsdrucks hängt von der Temperatur ab. Das ist mit einer Veränderung des Gaslöslichkeitskoeffizienten des Erdöls verknüpft. Bei Temperaturzunahme wird der Gassättigungsdruck des Erdöls höher. Von K. I. MSHATSCHICH wurde gezeigt, daß für die Erdöle des Gebietes Kuibyschew eine direkte Abhängigkeit des Sättigungsdrucks von der Temperatur besteht, die durch einen Koeffizienten K der Sättigungsdruckveränderung für 1 °C ausgedrückt werden kann. Der Wert dieses Koeffizienten ist für verschiedene Erdöle unterschiedlich und erreicht 0,62 at/1 °C.

Zeigen wir den Einfluß der Temperatur auf die Berechnung des Bildungszeitpunkts eines Lagers am konkreten Beispiel. In der Lagerstätte Muchanowo beträgt der Gassättigungsdruck des Erdöls in der Schicht D_{II} 120 at (bei einer Schichttemperatur von 70 °C). Ausgehend von diesem Wert bestimmt sich die Teufe (oder die Zeit), in der das Lager gebildet wurde, zu

$$h = \frac{P_{\text{sätt}} \cdot 10}{d} \tag{6}$$

wobei d — ein Wert ist, der die Druckveränderung mit der Teufe charakterisiert. Für das vom Verf. betrachtete Gebiet kann er mit 1,15 angenommen werden;

$$h_1 = \frac{120 \cdot 10}{1{,}15} = 1040 \text{ m}$$

Die Temperatur, die dieser Teufe entspricht, beträgt 25 °C. Der Wert des Gassättigungsdrucks des Erdöls in der Schicht D_{II} bei dieser Temperatur beträgt: $P_{\text{sätt}} = P_{\text{sätt}} - (t_{\text{Sch}} - 25\,°\text{C})\; K = 120 - (70 - 25) \cdot 0{,}33 =$ 105 at, d. h. 15 at weniger, und die korrigierte Teufe (zweite Annäherung) im Augenblick der Bildung des Lagers beträgt

$$h_2 = \frac{105 \cdot 10}{1{,}15} = 910 \text{ m}$$

Mit Hilfe weiterer Annäherungen kann man den Wert h noch genauer bestimmen. Auf diese Weise verfälscht die Vernachlässigung des Temperatureinflusses den gesuchten Wert h um mehr als 150 m. Noch größere Fehler können für Gebiete mit höheren geothermischen Gradienten und für Erdöle, die sich durch maximale Werte von K auszeichnen, erhalten werden.

Die Methode zur Altersbestimmung der in den Schichten enthaltenen Erdöle, Gase und Wässer durch die Untersuchung der in ihnen enthaltenen inerten Gase (Helium und Argon) wurde von W. P. SAWTSCHENKO, A. L. KOSLOW und A. A. TSCHEREPENNIKOW entwickelt. Jedoch wird sie ungeachtet der Wichtigkeit solcher Untersuchungen nach Meinung des Verf. in der Erdölgeologie noch nicht umfassend genug angewendet. Dies erklärt sich teilweise dadurch, daß einige Koeffizienten, die in den von den genannten Forschern entwickelten Formeln auftreten, einer Präzisierung für konkrete geologische Bedingungen bedürfen. In allgemeiner Form besitzen die Formeln zur Altersbestimmung von Wasser, Gas und Erdöl nach ihrem Heliumgehalt folgendes Aussehen:

für Wasser $$t = \frac{\text{He}}{a} \tag{7}$$

für Gas $$t = \frac{iP}{100} \cdot \frac{\alpha^W_{He}}{a} \tag{8}$$

für Erdöl $$t = \frac{\text{He}^{ö}}{a} \cdot \frac{\alpha^W_{He}}{\alpha^{ö}_{He}} \tag{9}$$

wobei

t — das Alter in Jahren; He — der Heliumgehalt im Wasser in m³/m³; $\text{He}^{ö}$ — der Heliumgehalt im Erdöl in m³/m³;

a — die Heliummenge, die aus dem Gestein jährlich in 1 cm³ Wasser eintritt;

α^W_{He} — der Löslichkeitskoeffizient von Helium in Wasser in cm³/cm³ · at;

$\alpha^{ö}_{He}$ — der Löslichkeitskoeffizient von Helium in Erdöl;

i — der prozentuale Heliumgehalt in der Gasphase;

P — der Gasdruck im Lager in at sind.

Der Wert a hängt vom Uran- und Thoriumgehalt der Gesteine, von der Fähigkeit des Gesteins, Helium abzugeben sowie von der Gesteinsporosität und -dichte ab.

Zeitschrift für angewandte Geologie, Bd. 16 (1970), Heft 9/10

Für konkrete geologische Bedingungen muß dieser Koeffizient entsprechend den konkreten Werten der genannten Parameter gewählt werden. Die Altersbestimmung der Erdöle wird dadurch erschwert, daß die Löslichkeit des Heliums in den Erdölen unzureichend untersucht ist. Trotzdem zeigten von uns durchgeführte Untersuchungen, daß die Graphik von A. A. TSCHEREPENNIKOW (1951) zur Bestimmung des Löslichkeitskoeffizienten von Helium in den Erdölen in Abhängigkeit von der Erdöldichte dann verwendet werden kann, wenn der Löslichkeitskoeffizient von Helium nach der Dichte des Schichtöls bestimmt und auf 1 m³ Erdöl unter Schichtbedingungen bezogen wird. Letzteres wird durch Multiplikation von α_{He} mit dem Volumenkoeffizienten b des Erdöls erreicht. Trotzdem verwendet man unter Berücksichtigung der Tatsache, daß die Löslichkeitskoeffizienten den Charakter des Phasengleichgewichts der Komponenten in den Systemen Gas—Wasser und Erdöl—Gas schlecht wiedergeben, bei Altersberechnungen besser die Koeffizienten der Heliumverteilung in den Systemen Gas—Wasser und Gas—Erdöl. Werte der Verteilungskoeffizienten von Helium im System Gas—Wasser werden in der Arbeit von A. JU. NAMIOT & M. M. BONDAREWA (1963) angegeben. Angaben über die Verteilungskoeffizienten des Heliums im System Erdöl—Gas liegen ebenfalls vor (A. I. TSCHISTOWSKIJ 1968; W. P. JAKUZENI, A. CH. MACHMUDOW, W. W. TICHOMIROW & A. N. WORONOW 1968).

Die Verteilungskoeffizienten berücksichtigen den Einfluß von Temperatur und Druck sowie der Zusammensetzung der flüssigen und gasförmigen Phasen auf die Löslichkeit. Unter Berücksichtigung dessen werden nachfolgend vom Verf. entwickelte Formeln zur Altersberechnung von Erdölen und Gasen unter Schichtbedingungen nach der Heliummethode unter Verwendung der Phasengleichgewichtskonstanten von Helium in den Systemen Erdöl—Erdgas ($K_{He}^{g-ö}$) und Gas—Wasser (K_{He}^{g-W}) angeführt:

für Erdöl

$$t = 1244 \cdot \frac{K_{He}^{g-ö}}{K_{He}^{g-W}} \cdot \frac{M V_{He}^{ö} \cdot d_W}{a(MG + 22400)} \tag{10}$$

für Gas

$$t = \frac{1244\, i}{a \cdot K_{He}^{g-W}} \tag{11}$$

Das nach den angeführten Formeln ermittelte Alter der Wässer, Erdöle und Gase in der Schicht darf natürlich im Hinblick auf eine Reihe von Annahmen und Bedingungen nicht als das genaue, absolute Alter der Fluide angesehen werden. Hierauf haben die Autoren der Methode selber und andere Bearbeiter hingewiesen. Die mit Hilfe der Berechnung erzielten Angaben sind als altersmäßige Orientierungsziffern zu betrachten und im Komplex mit anderen geologisch-geochemischen Methoden zur Klärung der Bildungsbedingungen der Lager zu verwenden. Die Altersberechnungen wurden vom Verf. u. a. für Erdöle und Erdgase der Lagerstätten des Kuibyschewer Wolgabogens mit dem Ziel durchgeführt, das Vorhandensein oder Fehlen genetischer Zusammenhänge der Erdöle und Erdgase im Profil zu klären. Für die Mehrzahl der Lagerstätten des Kuibyschewer Wolgabogens zeigt sich, daß ein solcher Zusammenhang zwischen den Erdölen des Karbons und des Devons fehlt, während er zwischen den Ölen und Gasen des Karbons und des Perms (S. JA. WAJNBAUM, M. I. KOPROWA & A. I. TSCHISTOWSKIJ 1964) existiert.

Literatur

JAKUZENI, W. P., A. CH. MACHMUDOW, W. W. TICHOMIROW & A. N. WORONOW: Bedingungen der Existenz von Erdöl- und Erdgaslagern nach Angaben über die inerten Gase. — Arbeiten des MNIGRI, Bd. 257, S. 39, Leningrad 1968.

JEREMENKO, W. A.: Erdöl- und Erdgasgeologie. — Gostoptechisdat (1961).

KIROW, W. A.: Zur Methode der Bestimmung der Bildungszeit von Gaslagern. — Geologija nefti i gasa, Nr. 11 (1964).

NAMIOT, A. JU., & M. M. BONDAREWA: Die Löslichkeit von Gasen in Wasser unter Druck. — Gostoptechisdat (1963).

TSCHEREPENNIKOW, A. A.: Die Löslichkeit inerter Gase in Erdölen. — Geochemisches Handbuch, Nr. 2–3, Bd. 51, S. 237, Gostoptechisdat (1951).

TSCHISTOWSKIJ, A. I.: Zur Frage über die Löslichkeit von Helium in Erdölen unter Schichtbedingungen. — Arb. Kuibyschew-NII NP, Bd. 39, Kuibyschew 1968.

WAJNBAUM, S. JA., M. I. KOPROWA & A. I. TSCHISTOWSKIJ: Über die Bildungsbedingungen von Erdöl- und Erdgaslagern und die Gesetzmäßigkeiten ihrer Verbreitung im südlichen Teil des Kuibyschewer Trans-Wolga-Gebietes. — Arb. Kuibyschew-NII NP, Bd. 26 (1964).

Eine getrennte Prognose für Erdöl- und Erdgasführung[1]

M. SCH. MODELEWSKIJ, E. I. PARNOW & L. A. POLSTER, UdSSR

Neben der allgemeinen quantitativen Bewertung der potentiellen Erdöl- und Erdgasressourcen gewinnt die getrennte Prognostizierung von Territorien mit vorwiegend Erdöl- oder Erdgasakkumulationen besondere Bedeutung. Dieses außerordentlich wichtige Problem war Gegenstand der Untersuchungen einer zeitweiligen Kommission beim Staatlichen Wissenschaftlich-Technischen Komitee der UdSSR in den Jahren von 1957 bis 1959[2]) und wurde in einigen wissenschaftlichen Arbeiten (W. P. SAWTSCHENKO, S. P. MAXIMOW, S. F. FJODOROW, A. L. KOSLOW u. a.) behandelt. Es besteht in der Klärung der quantitativen Relationen von Erdöl-Begleitgas und freiem Gas (Trockengas und Kondensat, gas) in der Erde. Dieses Problem ist sehr kompliziert und noch weit von einer endgültigen Lösung entfernt. Im vorliegenden Beitrag wird der Versuch unternommen, einige seiner Seiten in physikalisch-chemischer und geotektonischer Hinsicht zu beleuchten.

Die flüssigen und gasförmigen Kohlenwasserstoffe bilden unter Schichtverhältnissen komplizierte Mehrkomponentensysteme, die in außerordentlich breiten Temperatur- und Druckintervallen koexistieren. Streng genommen stellt jeder individuelle Kohlenwasserstoff eine Komponente dar. Zur Vereinfachung ist es jedoch zulässig, sowohl die flüssige als auch die gasförmige Phase als einkomponentig, sozusagen aus einer summa-

Aus: „Geologia nefti i gasa", H. 10, S. 29–33 (1969). Übers. und wissenschaftl. Bearb.: BERNHARD REH.

[1]) Der Beitrag trägt Diskussionscharakter.

[2]) Rationelle Methodik der Erkundung von Gaslagerstätten. — Gostoptechisdat, Moskau 1960.

rischen Komponente bestehend, zu betrachten. Dadurch wird es möglich, für die Systeme Erdöl und Erdgas gemeinsame thermodynamische Prinzipien der Phasengleichgewichte anzuwenden. Ausgehend davon wird ein Erdöllager als einphasiges Zweikomponentensystem (Erdöl + gelöstes Gas) und ein Erdgaslager als einphasiges Einkomponentensystem betrachtet. Gas-Öl- und Gaskondensat-Öl-Lager stellen zweiphasige Zweikomponentensysteme dar.

Um die quantitativen Relationen beider Phasen in der Erde zu klären, muß man die hauptsächlichen Übergangsbedingungen eines Systems in ein anderes kennen. Mit diesem Ziel wurden von den Verf. vorhandene Angaben über die tatsächlichen Verhältnisse der Gas- zu den Ölvolumina in den Lagern von über 350 Erdöl-, Gas-Öl- und Gaskondensatlagerstätten der Westsibirischen Tiefebene, der Komi-ASSR, des Perm-Gebietes, Tatariens, Baschkiriens, des Krasnodarer Gebietes, des Stawropoler Gebietes, der Tschetscheno-Inguschetischen und Daghestanischen ASSR und Turkmeniens sowie einiger ausländischer Lagerstätten analysiert. Für jedes Lager wurde ein Kennwert der Phasenverhältnisse des Öl-Gas-Gemisches in der Erde „G“ ermittelt und für die Erdöllager außerdem noch der Wert des Gasentlösungsdruckes $P_{\text{sätt}}$.

Der Kennwert der Phasenverhältnisse wird durch Formel (1) ausgedrückt. Dieser Koeffizient wurde von M. S. NAPOLSKIJ (1963) unter der Bezeichnung „Koeffizient der Gasführung“ in die geologische Literatur eingeführt.

$$G = \frac{V_{\text{g.G.}} + V_{\text{f.G.}}}{V_{\text{Öl}} + V_{\text{g.G.}} + V_{\text{f.G.}}} \quad (1)$$

dabei bedeuten $V_{\text{Öl}}$, $V_{\text{g.G.}}$ und $V_{\text{f.G.}}$ die Volumina, die bei der vorliegenden Lagerstätte entsprechend von Erdöl, von gelöstem und von freiem Gas unter Schichtverhältnissen eingenommen werden. Die Methodik zur Berechnung des Koeffizienten G ist in NAPOLSKIJ (1964) auf S. 221 dargelegt. Mit Hilfe des Kennwerts der Phasenverhältnisse läßt sich praktisch jeder beliebige vorkommende physikalische Zustand eines Erdöl-Erdgas-Gemisches in der Erde ausdrücken. Tatsächlich entspricht ein Kennwert von $G = 0$ einem Erdöl, das praktisch kein gelöstes Gas enthält ($V_{\text{g.G.}} = 0$ und $V_{\text{f.G.}} = 0$). Dem Wert $G = 1$ entspricht ein reines Gaslager. Alle dazwischen befindlichen Wechselbeziehungen zwischen flüssiger und gasförmiger Phase (Erdöl mit gelöstem Gas, Öllager mit Gaskappe) lassen sich durch Werte des Parameters G zwischen 0 und 1 einordnen. Im Falle von Gaskondensat- oder Gaskondensat-Öl-Lagern versteht man unter $V_{\text{Öl}}$ das summarische Volumen des Ölsaumes und des unter Schichtbedingungen in der Gasphase gelösten Öles, d. h. des Kondensats.

In der geologischen Literatur wird der Untersuchung der Veränderlichkeit des Gasentlösungsdrucks von Erdölen in der Horizontalen und Vertikalen relativ geringe Aufmerksamkeit geschenkt. Indes ist gerade der Zusammenhang zwischen dem Wert des Gasentlösungsdrucks und den Bildungsbedingungen von Lagern von vielen Forschern mehrfach unterstrichen worden (W. P. SAWTSCHENKO 1954; A. L. KOSLOW 1959; S. P. MAXIMOW 1964; A. I. LEVORSEN 1964 u. a.). Nach der Ansicht von U. I. GASSOU ist die Bildung der primären Erdöllager unter Schichtdrücken vor sich gegangen, die dem Sättigungsdruck[3]) entsprachen.

Die von den Verf. vorgenommene Analyse der Verteilung der Sättigungsdruckwerte des Erdöls in einer großen Anzahl von über verschiedene Bezirke der UdSSR verstreuten Lagerstätten hat gezeigt, daß sich der Mittelwert dieses Parameters für Erdöle des gleichen Horizontes über bedeutende Territorien und in einem großen Teufenintervall in sehr engen Grenzen bewegt. So werden die Erdöle in den Sedimenten unter der Domanik-Stufe in der Komi-ASSR durch Sättigungsdrücke von 115 bis 135 at bei einem Teufenunterschied der Lager von 600 bis 3300 m charakterisiert. In den gleichen Horizonten Baschkiriens, Tatariens und des Perm-Gebietes, die in Teufen von 1600—2100 m lagern, beträgt der Sättigungsdruck 90—100 at. Die Erdöle im Jura und in der Kreide der Gebiete von Grosny und Süddaghestan weisen Sättigungsdrücke von 245 bis 285 at bei einer Lagerungsteufe von 2500—3500 m auf, im Kuma-Gebiet 110—140 at in Teufen von 2000—3000 m, im Gebiet Südmangyschlak durchschnittlich 100 at, in der Westsibirischen Tiefebene 82 bis 97 at, wobei der Mittelwert 90 at bei Lagerungsteufen von 1200 bis 2500 m beträgt. In den Ölen der Tschokrak-Karaganda-Ablagerungen im östlichen Vorkaukasien liegt der vorherrschende Wert des Sättigungsdrucks bei 90—100 at. Im Asow-Kuban-Becken beträgt die durchschnittliche Größe dieses Parameters für die Erdöle des Tertiärs 135 at und die der Unterkreide 130 at. Mit anderen Worten, die Erdöle einzelner produktiver Komplexe werden über bedeutende Territorien durch relativ konstante Sättigungsdrücke gekennzeichnet.

Auch Ausnahmen werden beobachtet, wenn in manchen Gebieten oder auf einzelnen Feldern die Sättigungsdruckwerte der Erdöle verschiedener Horizonte bedeutend von der für diesen Horizont vorherrschenden Größe abweichen. So beträgt die durchschnittliche Größe des Gasentlösungsdrucks für die Erdöle der Tula-Bobrikower Ablagerungen des Baschkirischen und des Tatarischen Gewölbes und des Birsker Sattels 65 at, jedoch für die gleichen Ablagerungen des Krasnokamsko-Polasnener und des Jarino-Kamennolosher Walles 95—165 at. Im nördlichen Teil des Surgut-Gewölbes (Westsibirische Tiefebene) steigt der Gasentlösungsdruck der Erdöle in der Wartha-Folge plötzlich auf 165—211 at, d. h. auf das 2- bis 2,5fache des Durchschnittswertes, an. Ein analoges Bild läßt sich auch im Wolgograd-Saratower Wolgagebiet beobachten, wo neben Erdöllagerstätten auch Gas-Öl-Lagerstätten und Gaslagerstätten vorkommen und die Gasentlösungsdrücke der Devon- und Karbonöle in einer Reihe von Fällen die entsprechenden Durchschnittswerte um das 1,5- bis 2fache übersteigen. All diese Abweichungen tragen weitgehend lokalen Charakter. Sie sind offenbar durch den Zutritt zusätzlicher freier Gasmengen in die ölführenden Folgen bedingt (aus der Voruralsenke und der Kaspischen Sineklise in das Permer Uralgebiet und das Wolgograd-Saratower Wolgagebiet, aus den tiefer abgesenkten Zentralbezirken des Westsibirischen Beckens im mittleren Ob-Gebiet). W. P. SAWTSCHENKO & A. A. PLOTNIKOW (1968) sind auf der Grundlage von Untersuchungen der

[3]) Sättigungsdruck und Gasentlösungsdruck sind in der Literatur als Synonyme verbreitet (d. Übers.).

Vorratsbilanz an Erdöl und Erdgas im unteren Wolgagebiet ebenfalls zu der Schlußfolgerung gelangt, daß sich die Hauptgasansammlungen in diesem Raum auf Kosten einer lateralen Gasmigration „von der Seite" in den produktiven Schichten des Devons (Saratower Wolgagebiet) und Karbons (rechtes Ufergebiet) gebildet haben.

Den Durchschnittswert des Gasentlösungsdrucks kann man zur Korrelation von Lagern unterschiedlicher Gebiete benutzen. Im allgemeinen muß der Charakter der Volumenverhältnisse der flüssigen und gasförmigen Phasen in der Erde durch das Verhältnis zwischen den Werten des durchschnittlichen Gasentlösungsdrucks und des Schichtdrucks bestimmt werden. Dieses Prinzip gestattet, objektiv an die Einschätzung der Phasenverhältnisse nicht nur der Erdöllager, sondern auch der Gas-Öl- und Gaskondensatlager heranzugehen. Anstelle des tatsächlichen (gemessenen) Gasentlösungsdrucks in den Erdölabschnitten der letzteren, der bekanntlich gewöhnlich gleich dem Schichtdruck ist und im ersten Fall unter, im zweiten Fall aber über dem Durchschnittswert des Sättigungsdrucks liegt, wurde in den aufgeführten Fällen gerade der Durchschnittswert, als $\bar{P}_{\text{sätt}}$ bezeichnet, berücksichtigt.

Zwischen dem Wert des Verhältnisses $\bar{P}_{\text{sätt}}:P_L$ und dem Parameter G kristallisiert sich ein deutlicher quantitativer Zusammenhang heraus (s. Abb.). Es lassen sich die drei bekannten Grundzustände des Öl-Gas-Gemisches aushalten: I — Erdöl; II — Erdöl + freies Trockengas; III — Erdöl + freies Kondensatgas und der vermutete kritische Zustand, das Kondensatöl.

Der kritische Zustand stellt im physikalisch-chemischen Sinn dieses Terms den äußersten Fall des Zweiphasengleichgewichts dar, wenn jeder Unterschied zwischen beiden koexistenten Phasen verschwindet und das System homogen wird. In der erdölgeologischen Literatur wird der Begriff von den kritischen Parametern nicht selten in einem anderen Sinne angewendet — als Grenzwerte des Drucks und der Temperatur, bei denen sich der Übergang eines Zweiphasensystems (Gas-Öl-) in ein anderes (Gaskondensat-Erdöl-) vollzieht. Solche Grenzwerte wären richtiger als quasikritische zu bezeichnen, im Unterschied zu den tatsächlich kritischen.

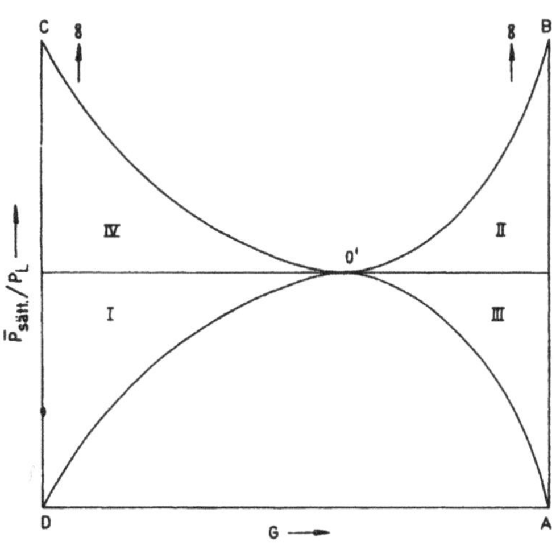

Abb.: Graphische Darstellung des physikalischen Zustandes von Erdöl und Erdgas in der Erdkruste

Betrachten wir den allgemeinen Fall einer Veränderung der Schichtverhältnisse im Lager. Nehmen wir an, daß dieses Lager ursprünglich ein mit gelöstem Gas untersättigtes Erdöllager darstellte. In diesem Falle übersteigt der Schichtdruck den Gasentlösungsdruck, und der Untersättigungsgrad des Erdöls mit gelöstem Gas ist dem Druckdefizit ($P_L - \bar{P}_{\text{sätt}}$) proportional. Bei Abnahme des Schichtdrucks im Lager, beispielsweise bei Hebung des Abschnitts, wird das Druckdefizit verringert, und der Grad der Gassättigung des Erdöls (Volumenanteil des gelösten Gases) nimmt zu. Dieser Prozeß wird durch den Kurvenabschnitt *00'* ausgedrückt (vgl. Abb.). Mit Annäherung des Schichtdruckwerts an den Wert des Gasentlösungsdrucks verändert sich die Größe des Parameters der Phasenverhältnisse G von 0 auf 0,5. Diese Kurve charakterisiert alle möglichen Zustände des flüssigen Erdöls in der Schicht, von vollkommen gasfreiem Öl (Punkt *0*) bis zur Grenzgassättigung des Öles (Punkt *0'*). Wie aus der graphischen Darstellung ersichtlich ist, tritt die Grenzgassättigung ein, wenn der Schichtdruck mit dem Gasentlösungsdruck identisch ist. Dieser Zustand wird durch den Wert $G = 0{,}5$ charakterisiert, d. h., bei der Grenzgassättigung müssen die Volumina des Erdöls und des in ihm gelösten Gases unter Schichtverhältnissen theoretisch gleich sein (wenn $V_{\text{g.G.}}/V_{\text{Öl}} + V_{\text{g.G.}} = 0{,}5$, dann $V_{\text{g.G.}} = V_{\text{Öl}}$).

Jedoch ist, wie die Berechnung beweist, die Wahrscheinlichkeit sehr gering, in der Natur einen derart hohen Grad der Gassättigung anzutreffen. Wie aus der Abbildung zu ersehen ist, beträgt der relativ zuverlässige Wert des Parameters der Phasenverhältnisse bei Annäherung des Gasentlösungsdrucks an den Schichtdruck 0,35—0,40. Mit anderen Worten, im allgemeinen kann im Erdöl, dem Volumen nach, nicht mehr Gas gelöst sein als 0,54—0,66 (im Mittel 0,60) dieses Ölvolumens unter den vorliegenden Schichtbedingungen. Deshalb muß sich bei der weiteren Druckabsenkung und bei der gleichzeitigen Volumenzunahme des gelösten Gases letzteres zwangsläufig als freie Phase entlösen, und der Erdölsaum verbleibt praktisch unter den Bedingungen der Grenzgassättigung.

In den Gas-Öl-Lagern ist die Rolle des freien Gases um so größer, je höher der durchschnittliche Gasentlösungsdruck über dem lokalen Schichtdruck liegt. Das Verhältnis $\bar{P}_{\text{sätt}}:P_L$ auf dem Kurvenabschnitt *0'B*, der den Gas-Öl-Zustand charakterisiert, verändert sich in den Grenzen von 1 bis 2. Reine Gaslager ($G = 1{,}0$) stellen den Grenzfall des allgemeinen Zweiphasenzustands dar (Punkt *B*), wenn das Volumen der flüssigen Phase gegen Null strebt. Die Parameter der Schichtverhältnisse bewegen sich dabei unterhalb der quasikritischen Werte.

Gaskondensat-Öl-Lager werden ebenfalls durch einen Zweiphasenzustand des Öl-Gas-Gemisches charakterisiert, allerdings bei Parametern der Schichtverhältnisse, die die quasikritischen Werte übersteigen (Kurvenabstand *0'A*). Der Wert des Parameters der Phasenverhältnisse ändert sich für solche Lager ebenfalls wie für Gas-Öl-Lager von 0,5 bis 1,0. Jedoch bleibt das Verhältnis $\bar{P}_{\text{sätt}}:P_L$ immer unter 1,0. Daraus folgt, daß in den Grenzen des gleichen Horizonts unter ein und denselben Schichtbedingungen nicht gleichzeitig Kondensatgaslager und Trockengas- oder Gas-Öl-Lager angetroffen werden können. In Abhängigkeit von der Größe des Ölsaums und von der Menge des im Gas gelösten Kondensats charakterisiert die Kurve $0'A$ die Veränderung der Phasenverhältnisse in der Falle: von Gaskondensatkappen mit bedeutenden Erdölteilen bis zu fast reinen Gaslagern mit winzigen Mengen gelösten Öles.

Der Gaskondensat-Öl-Zustand kann im allgemeinen nur bei Erreichen quasikritischer Bedingungen im zweiphasigen Gas-Öl-System eintreten. Mit anderen Worten, eine unbedingte Voraussetzung für die Entstehung eines Gaskondensat- oder Gaskondensat-Erdöl-Lagers in einer Falle besteht darin, daß sich vorher in dieser Falle ein Gas-Öl-Lager gebildet haben muß. Diesen Prozeß kann man sich folgendermaßen vorstellen: Beim Herausheben eines Abschnitts, in dem sich ursprünglich ein Erdöllager gebildet hatte, und bei Verringerung des Schichtdrucks bis zu einem Wert, der unter dem Gasentlösungsdruck liegt, wird sich eine Gaskappe bilden. Das Gesamtlagervolumen wird sich um den Wert des Gaskappenvolumens vergrößern. Wenn das ursprüngliche Öllager nur einen relativ kleinen Teil der Falle eingenommen und die Bildung eines Zweiphasensystems nicht zur Entfernung eines bedeutenden Teils des Erdöls aus dem Lager geführt hat, dann wird ein nachfolgendes Absinken der Falle zur vollständigen Lösung der Gaskappe im Erdöl führen. Wenn jedoch die Falle bis zum Rand mit Erdöl gefüllt war, dann wird die Volumenvergrößerung des Lagers bei Hebungsprozessen eine Umverteilung der überschüssigen Erdölmenge aus der betrachteten Falle in eine hypsometrisch höher gelegene hervorrufen. Bei späterer Absenkung der Falle kann sich die Gaskappe bei keinem erreichbaren Druck wieder vollkommen im Erdöl lösen, da die Gasmenge 0,6 des ursprünglichen Erdölvolumens, das sich auf Grund der Verdrängung aus der Falle verringert hat, wesentlich übersteigt. Ein bestimmtes Gasvolumen muß zwangsläufig in freier Phase verbleiben. Im Ergebnis weiterer Absenkung beginnt sich bei Erreichen quasikritischer Bedingungen ein Teil des Erdöls im Erdgas zu lösen und eine Gaskondensatkappe zu bilden. Wenn nur wenig Erdöl in dem Lager geblieben ist, kann es sich unter Bildung eines reinen Gaskondensatlagers vollkommen im Gas lösen.

Die günstigsten Bedingungen für die Bildung von Zweiphasensystemen und die Entfernung eines Teils des Erdöls aus den Fallen sind in den Gebieten periodischer Hebungen und Senkungen mit großer Amplitude vorhanden. In diesem Zusammenhang kann man in gegenwärtig tief abgesenkten Horizonten mobiler Abschnitte Gaskondensat- und Gaskondensat-Öl-Lager antreffen.

Die Bildung eines Zweiphasensystems aus einem einphasigen Erdölsystem kann auch ohne Hebung der Falle vor sich gehen. Wenn beispielsweise in ein vorhandenes Erdöllager zusätzliche Gasmengen zuströmen, kann dieser Prozeß ebenfalls zu einer Gleichgewichtsverschiebung des Systems Erdöl + gelöstes Gas bis hin zur Bildung einer Gaskappe führen. Eine solche Möglichkeit wurde von den Verf. auf einer Reihe von Feldern des Kama-Gebiets bei Perm, des mittleren Obgebiets und des Wolgograd-Saratower Wolgagebiets vermutet. Diesen Umstand muß man ebenfalls berücksichtigen, wenn man über den möglichen Charakter des physikalischen Zustands von Erdöl und Erdgas bestimmter Gebiete spricht; jedoch soll in der vorliegenden Arbeit vom allgemeinen Fall der Entstehung von Gas-Öl- und Gaskondensatlagern ausgegangen werden.

In der Abbildung wird die Lückenlosigkeit zwischen flüssigem und gasförmigem Zustand des Öl-Gas-Gemisches in der Erde deutlich widergespiegelt. Hieraus, aber ebenfalls ausgehend von den Forderungen der physikalischen Symmetrie, ergibt sich logisch die Möglichkeit noch eines weiteren Zustands des Öl-Gas-Gemisches, der bisher unter Schichtverhältnissen noch nicht sicher festgestellt worden ist: Erdöl unter überkritischen Bedingungen. Diesem vermuteten Zustand entspricht der Kurvenabschnitt $0'C$ in der Abbildung. Das Schichtöl muß unter diesen Bedingungen ein einphasiges gasähnliches System darstellen, das ohne Temperaturabsenkung durch keinen erreichbaren Druck in Flüssigkeit komprimiert werden kann. Durchgeführte Berechnungen haben gezeigt, daß die Anfänge der neuen Phase im flüssigen Erdöl bei einer Temperatur von 300 °C und einem Druck von 1000 at auftreten müssen. Bei Temperaturen von über 500—550 °C, d. h. in Teufen von 15—18 km (ohne Berücksichtigung anomaler Verhältnisse), können Kohlenwasserstoffe wahrscheinlich nur in einem solchen Zustand existieren. Mit Hilfe verschweißter Ampullen wurden von den Verf. die kritischen Temperaturen für Erdölfraktionen mit einem Siedebereich von 122—150, 150—200 und 250—300 °C entsprechend mit 487, 513 und 536 °C (Versuchsfehler $\pm 10\%$) bestimmt. Offensichtlich wird für ein System, das alle diese Fraktionen einschließt, die kritische Temperatur unterhalb des Grenzwerts von 536 °C liegen, d. h., sie wird sich den nach geologischen Daten errechneten Werten sehr weit nähern. Unter Oberflächenbedingungen muß diese Tiefenphase gewöhnliches flüssiges Erdöl darstellen. Die Gesetze dieses Übergangs sind analog den Gesetzen des Übergangs eines Kondensatgases in Leichtöl; das gestattet, dem neuen physikalischen Zustand des Öl-Gas-Gemisches in der Erde die Bezeichnung „Kondensatöl" zu geben.

Der Erdölkondensatzustand kann nach Erreichen der kritischen Bedingungen (für ein Einphasen-Flüssigkeitssystem) sowohl aus dem flüssigen (Erdöl) als auch aus dem Gaskondensat-Erdöl-Zustand entstehen. Im letzteren Falle ist das Vorhandensein von Erdöl in flüssiger Phase, d. h. eines Ölsaums, notwendige Voraussetzung. Die kritischen Parameter liegen für ein Einphasen-Flüssigkeitssystem bedeutend höher als die quasikritischen für ein Zweiphasen-Gas-Flüssigkeitssystem (minimale Temperatur entsprechend 300 und 40—50 °C). Deshalb müssen Erdölkondensatlager im allgemeinen (ohne Berücksichtigung anomaler Verhältnisse) in bedeutend größeren Teufen lagern als Gaskondensatlager. Letztere können unter den gleichen Schichtverhältnissen wie die Erdöllager angetroffen werden.

Ausgehend von den dargelegten Vorstellungen stellen sich die geologischen Kriterien für eine getrennte Prognose der Erdöl- und der Erdgasführung in folgender Form dar:

Gebiete mit vorherrschender beständiger Absenkungstendenz im Prozeß der geologischen Entwicklung, in denen der Schichtdruck in den produktiven Horizonten nie bis unterhalb des Gasentlösungsdrucks abgesunken ist, müssen innerhalb dieser produktiven Horizonte vorwiegend durch die Verbreitung von Erdöllagern gekennzeichnet sein. Erdölkondensatlager, die in den tiefer abgesunkenen Abschnitten solcher Gebiete angetroffen werden können, müssen unter Oberflächenbedingungen Zuflüsse flüssigen Erdöls erbringen.

Gebiete, die im allgemeinen Absenkungsprozeß zurückgeblieben sind, müssen hauptsächlich durch die Entwicklung von Lagern trockenen Erdgases in den angehobeneren Abschnitten und von Gas-Öl-Lagern in den relativ abgesunkenen Abschnitten gekennzeichnet sein.

Bewegliche Zonen, in deren Grenzen vertikale Abwärtsbewegungen mehrfach von Aufwärtsbewegungen abgelöst worden sind, werden durch eine komplizierte Kombination von Lagern unterschiedlicher Art charakterisiert. In den tief abgesunkenen Horizonten müssen vorwiegend Gaskondensat- (Gaskondensat-Erdöl-) und Erdöllager Verbreitung gefunden haben. Erdölkondensatlager können unter Oberflächenbedingungen sowohl Erdöl als auch Erdöl mit freiem (Kondensat-)Gas ergeben. Die oberen Horizonte, in denen die Schichtbedingungen unter den quasikritischen liegen, können durch die Verbreitung von Erdöl-, Gas-Öl- und Gaslagern charakterisiert werden.

Somit muß für eine getrennte Prognose in jedem konkreten Falle der Wert des Verhältnisses $\bar{P}_{\text{sätt}}:P_L$ für den vorliegenden perspektivischen Horizont gefunden und der Kennwert der Phasenverhältnisse G bestimmt werden, d. h. die Lage des gesuchten Punktes auf einer der Zustandskurven in der Abbildung.

Die P_L-Werte werden prognostisch, ausgehend von der wahrscheinlichen Lagerungsteufe des produktiven Horizonts im betrachteten Gebiet und den Gesetzmäßigkeiten der Schichtdruckveränderungen, eingeschätzt, unter Berücksichtigung bekannter oder möglicher anomal hoher oder niedriger Schichtdrücke. Der Durchschnittswert des Gasentlösungsdrucks kann entweder auf dem Wege unmittelbarer Beobachtungen anhand von Testergebnissen aus Bohrungen festgestellt oder als Optimalgröße in Analogie zu gut untersuchten Gebieten angenommen werden. Für den Fall unterhalb quasikritischer Schichtbedingungen läßt sich die Aufgabe ausreichend eindeutig lösen. Wenn der Wert des Verhältnisses $\bar{P}_{\text{sätt}}:P_L$ kleiner als 1 ist, wird der Wert G vom unteren linken Ast (Erdöl + gelöstes Gas) abgenommen, und bei Werten über 1 wird G vom oberen rechten Ast (Erdöl + freies, trockenes Gas) erhalten. Bei einem Zweiphasensystem sind Bedingungen unterhalb der quasikritischen Temperaturen (bis 40—50 °C) im allgemeinen für Teufen bis zu 1200—1300 m charakteristisch. Folglich ist in diesem Teufenintervall eine objektive Einteilung in Territorien mit vorwiegender Verteilung von Lagern eines ganz bestimmten Typs (Erdöl-, Gas-Öl- oder Gaslager) möglich sowie auch die Ermittlung des Anteils an Erdöl, an gelöstem und freiem Erdgas im gesamten effektiven Volumen des natürlichen Reservoirs. Das aufgeführte allgemeine Schema setzt normale Erhaltungsbedingungen der Lager voraus. In ihm finden verständlicherweise die Ansammlungen von Schweröl in der Zone der Hypergenese keinen Platz.

Bei der Prognostizierung der Erdöl- und Erdgasführung für große und übergroße Teufen, in denen die Schichtdrücke Werte annehmen können, die die quasikritischen und sogar die kritischen Werte übersteigen, ist eine eindeutige Bestimmung der Größe G im Verhältnis zu $\bar{P}_{\text{sätt}}:P_L$ nicht möglich. In diesem Falle müssen zunächst die Haupttendenzen der geotektonischen Entwicklung des vorliegenden Gebietes ermittelt werden, danach kann man den Wert des Parameters G von diesem oder jenem Ast der physikalischen Zustandskurve ablesen. Territorien mit beständiger Absenkung sind hinsichtlich der tiefen Horizonte zweckmäßigerweise als vorwiegend ölführend einzuschätzen und relativ bewegliche Abschnitte (unter Voraussetzung ausreichend großer vertikaler Bewegungsamplituden, die ein Absinken des Schichtdrucks in den Fallen bis unter den Gasentlösungsdruck gewährleisten) als gaskondensaterdöl-führend.

Literatur

BURSCHTAR, M. S., & I. W. MASCHKOW: Die Entstehungsbedingungen und die Gesetzmäßigkeiten der Verteilung von Erdöl- und Erdgaslagern. — Gostoptechisdat, Moskau 1963.

GASSOU, U. I.: Die Migrationszeit von Erdöl und Erdgas. Probleme der Erdölgeologie in der Betrachtung ausländischer Wissenschaftler. — Gostoptechisdat, Moskau 1961.

MODELEWSKIJ, M. SCH., & E. I. PARNOW: Zum Problem des physikalischen Zustands von Erdöl und Erdgas in der Erde. — DAN UdSSR, Bd. 175, Nr. 6 (1967).

NAPOLSKIJ, M. S.: Über die Bilanzmethode zur Berechnung perspektivischer Erdöl- und Erdgasvorräte. Fragen der Geologie und Kohlenwasserstoffführung des Kaukasus und Vorkaukasiens. — ZNIITE Neftegas (1963).

— Quantitative Einschätzung der Perspcktiven der Kohlenwasserstoffführung. In: Bewertungsprinzipien der Perspektiven einer Kohlenwasserstoffführung für große Territorien. — Isd-wo Nedra, Moskau 1964.

SAWTSCHENKO, W. P., & A. A. PLOTNIKOW: Die Besonderheiten der Entstehung und Anordnung mehrschichtiger Erdöl- und Erdgaslagerstätten im Saratow-Wolgograder Wolgagebiet. — Gasindustrie, Nr. 6 (1968).

WASSERMAN, B. J.: Über die Bildung von Erdöl- und Erdgaslagern im Devon des südöstlichen Timangebiets. Erdöl- und Erdgasgeologie des Nordostens des Europäischen Teils der UdSSR. — Wyp. 1. Isd-wo Nedra, Moskau 1964.

Zu einigen Problemen der rationellen Lagerstättennutzung im Kupferschieferbergbau

G. JANKOWSKI, Ahlsdorf, & G. MEYER, Sangerhausen

1. Einleitung

Der steigende Bedarf der Volkswirtschaft an Buntmetallen und die vorhandenen Reserven unseres Staates zwingen zu einer weitgehend rationellen Nutzung unserer heimischen Rohstoffe. Dieser Prozeß wird um so komplizierter, je stärker die komplexe Mechanisierung und Automatisierung vorangetrieben werden und die Rolle der physischen Arbeitskraft des Menschen in der Produktionssphäre geringer wird. Ein Hauptkriterium für die Verwirklichung einer ökonomisch wirkungsvollen Gewinnung der Bodenschätze ist die genaueste Kenntnis der Gesetzmäßigkeiten der Lagerstätte und deren zielgerichtete und zweckentsprechende Ausnutzung im bergmännischen Gewinnungsvorgang. Die Lösung dieser Aufgabe wird seit Jahren von der

Eingang des Manuskripts in der Redaktion: 15. 5. 1970.

geologischen Abteilung des Mansfeld-Kombinats wahrgenommen, die zu diesem Zweck über einen geeigneten Mitarbeiterkreis und über umfangreiche technische Kontrolleinrichtungen verfügt.

In den folgenden Ausführungen sollen aus der Vielzahl der Probleme im Kupferschieferbergbau einige herausgegriffen werden und als Anregung zur weiteren Verfolgung auf diesem wichtigen Gebiet dienen, zumal dieses Problem nicht nur für den Kupferschieferbergbau, sondern für den gesamten Bergbau auf Nichteisenmetalle besteht.

2. Die Nutzung der Lagerstätte

2.1. Die geologischen Verhältnisse

Zum besseren Verständnis unserer Problematik stellen wir eine Einführung in die geologischen und bergmännischen Verhältnisse des Kupferschieferbergbaus vorweg.

Der Berbau erfolgt im SE-Harzvorland im Sangerhäuser Lagerstättenrevier durch die Schachtanlagen „Thomas Münzer“ und „Bernhard Koenen“ des VEB Mansfeld Kombinat „Wilhelm Pieck“. Diese Lagerstätte befindet sich etwa 60 km westlich von Halle und ca. 80 km nördlich Erfurt. Die Weiterverarbeitung der Erze erfolgt in Betrieben des Kombinats bei Eisleben und Hettstedt.

Die Lagerstätte wird von terrestrischen und salinaren Sedimenten des Quartärs, des Tertiärs, der Trias und des Zechsteins bedeckt. Nur am Harzrand streicht der Kupferschiefer über Tage aus. Zum engeren Lagerstättenbereich gehören im Kupferschieferbergbau des SE-Harzvorlands das unmittelbare Liegende (ca. 0,50 m) und Hangende (ca. 1,50 m) des Kupferschiefers sowie der Kupferschiefer (0,30—0,40 m) selbst. Diese Schichtglieder werden wegen der physikalisch-geochemisch-petrographischen Charakteristik und der strukturellen und texturellen Ausbildung in feinstratigraphische Zonen unterteilt, die neben dem entsprechenden Symbol althergebrachte Bergbaubezeichnungen führen und vielfach der Einfachheit halber mit einer vom Liegenden nach oben führenden Numerierung versehen sind (Tab. 1).

Der Gegenstand des jahrhundertealten Mansfelder und Sangerhäuser Kupferschieferbergbaus sind die einzelnen Erzsorten mit ihrer unterschiedlichen Kupferführung und Mächtigkeit. Von G. KNITZSCHKE (1966) wurde in umfassender Form der jetzige Kenntnisstand der petrographisch-metallogenetischen Verhältnisse mit dem Ergebnis einer systematischen Typisierung der Metallfazies, Petrofazies und Erzmineralisation dargelegt. Für die Lösung der rationellen Lagerstättennutzung ist dabei von Nutzen, daß die horizontale Kupferverteilung der allgemein anerkannten Regel, daß je nach Entfernung des vererzten Kupferschiefers von der Roten Fäule (rotgefärbte und vertaubte Basisschichten des Zechsteins 1 nach FREESE & JUNG 1965) entweder die oberen Zonen des Kupferschiefers und das Hangende, nur der Kupferschiefer oder die unteren Partien des Kupferschiefers und das Liegende eine erhöhte Kupfermetallisation aufweisen. Auch die vertikale Kupferführung ist nicht gleichmäßig ab- oder zunehmend, sondern schwankend. Erste Untersuchungen ergaben beispielsweise, daß der Kupfergehalt eine starke Absetzigkeit in der Zone „Schwarze Berge“ und einen geringeren Sprung in der Zone „Dachklotz“ aufweist. Die horizontale und vertikale Schwankung des Kupfergehaltes rufen ständige Änderungen der bauwürdigen oder der Kondition entsprechenden Mächtigkeit hervor, die eine permanente Überwachung der Kupferführung und den Einsatz von flexiblen, alle Mächtigkeiten des Erzes gewinnenden Verfahren verlangen.

Ergänzend sei noch darauf hingewiesen, daß der Kupferschiefer eine polymetallische Vererzung besitzt, bei der die Hauptmetalle Cu, Pb, Zn und Ag sowie als Neben- oder Spurenmetalle unter anderem Se, Ge, Rh, V, Co, Ni gewonnen werden.

Die unterschiedlich angereicherten sulfidischen Erzmineralien erlauben bei vorhandener Bauwürdigkeit die Produktion der einzelnen Erzsorten oder deren Gemenge (Minern). Wir unterscheiden im Kupferschieferbergbau:

Hangenderz mit den Erzarten Fäule und Dachklotz; Fäule (entspricht der Zone Ca 1 α_2); sandigen Kalkmergel bis sandigen Mergelstein mit fieder- und sichelförmigen Anhydriteinlagerungen; der Kupfergehalt beträgt etwa 0,4—0,7%. Dachklotz (entspricht der Zone Ca 1 α_1). Sandig-tonigen Kalk- bis sandigen Kalkmergelstein mit Pyritbohnen und Anhydritperlen; der Kupfergehalt beträgt ca. 0,6—2,0%.

Kupferschiefererz — verunreinigten bis sandigen Ton, Tonmergel und Mergel, stark bis mäßig kohlenstoffhaltig. Der Kupfergehalt beträgt ca. 2—5%. Bei nachgewiesener Unbauwürdigkeit der oberen Zonen ist die Produktion von Teilen des Kupferschiefers möglich (z. B. Lage 1—3 oder 1—4).

Sanderz — Sandstein oder Konglomerat, karbonatisch. Der Kupfergehalt beträgt ca. 5% bei 10 cm Mächtigkeit. Dieses Erz wird z. Z. nicht gebaut und deswegen in den folgenden Ausführungen nicht erwähnt.

Während das Kupferschiefererz immer als Haupterz gewonnen wird, tritt das Hangenderz nur teilweise an den Rändern von Rote-Fäule-Arealen auf und wird mit dem Kupferschiefer in drei Arten dem Hüttenprozeß zugeführt:

getrennte Gewinnung von Kupferschiefererz und Hangenderz;

gemeinsame Gewinnung von Kupferschiefererz und dem unteren Teil des Hangenderzes als Mischerz oder Minern. Der obere Teil wird getrennt produziert.

gemeinsame Gewinnung von Kupferschiefererz und Hangenderz als Mischerz oder Minern.

Für unsere Untersuchungen ist von Wichtigkeit, daß die Erzsorten charakteristische Unterscheidungsmerkmale aufweisen, die für die Gewinnung, für die Qualitätskontrolle und für die Verhüttung von Bedeutung sind.

Als Ergebnis einer umfassenden Bestandsaufnahme der im südöstlichen Harzvorland geteuften zahlreichen Kupferschiefererkundungsbohrungen sowie der Auswertung der im weitausgedehnten, mehrere Quadratkilometer umfassenden Grubengebäude angetroffenen Lagerungsverhältnisse hat JUNG (1965) den subsalinaren Schollenbau beschrieben.

Der Kupferschiefer streicht vorzugsweise erzgebirgisch und fällt mit 5—8° nach Südosten ein. Untergeordnet tritt ein Nord—Süd-Streichen mit nach Osten gerichtetem Einfallen auf. Die gesamte Lagerstätte, die bis zu einer Teufe von etwa minus 1200 m NN reicht

Tab. 1. Charakteristik der Kupfererze (zusammengestellt nach KNITZSCHKE 1965, Unterlagen der Abt. Bergbauforschung und nach eigenen Ergebnissen)

	Symbol	Name	Lagen-Nr.	Beschreibung	Mächtigkeit (cm)	Dichte (g/cm³)	Schlackenzähigkeitskennziffer $\frac{FeO+CaO+MgO}{SiO_2+Al_2O_3}$	Farbe des Gesteinspulvers (nach Lipsia)	Druckfestigkeit (kp/m²)	Spaltbarkeit Schieferung	Begrenzung, Unterscheidungsmerkmale des anstehenden Gesteins	Unterscheidbarkeit im kleinstückigen Haufwerk
Zechstein-Kalk (Ca1)	Ca1β	Bankkalk		Kalkstein, deutlich gebankt								sehr gut
	Ca1α₂	Fäule	(9) (8) (7)	Kalkmergelstein, mit sichel- und fiederförmigen Anhydriteinlagerungen	140	2,72		grauweiß	1466	schlecht		
	Ca1α₁	Dachklotz	(6)	Kalkstein, mit Pyritbohnen und Anhydritperlen	20	2,75	0,74	weißgrau	1525	schlecht	Farb-	
Kupferschiefer (T1)	T1ε	Schwarze Berge	(5)	Mergel u. Tonmergel, schwach bis mäßig kohlenstoffhaltig. Im oberen Teil meistens „graue Lage"	15	2,70	0,40	hellgrau	1133	mäßig bis schlecht	wechsel Farbunterschied	gut
	T1δ	Schieferkopf	(4)	Mergel mit Tonmergel, schwach bis mäßig kohlenstoffhaltig	11	2,58	0,39	grau	836	gut bis mäßig	Grobe Naht	mäßig
	T1γ	Kammschale	(3)	Tonmergel bis Mergel, stark kohlenstoffhaltig	3	2,45	0,33	dunkelgrau	790	sehr gut	Feine Naht	nein
	T1β	Grobe Lette	(2)	sandig-kalkiger Ton bis Tonmergel, stark kohlenstoffhaltig	6	2,39	0,33	grauschwarz	664	sehr gut	Hiekennaht	
	T1α	Feine Lette	(1)	verunreinigter bis sandiger, stark kohlenstoffhaltiger Ton	2	2,48	0,33	grauschwarz	590	sehr gut		
Zechstein-Konglomerat oder Weißliegendes	Z1C oder Z1S	Hornbank oder Tresse	(I)		2	2,60	0,19	grau		sehr schlecht	Farbwechsel, Korngröße	sehr gut

wird durch herzynische und seltener erzgebirgische Störungszonen in ein tektonisches Schollenmosaik zerstückelt, wobei zumindest die größeren Verwerfungen abstandsgleich sind. Die Sprunghöhe schwankt zwischen wenigen Zentimetern und stellenweise 1000 m. Es zeigte sich (JUNG 1965), daß die Verwerfungen in der vielfältigsten Art und Weise versetzt, gekippt und tordiert sind sowie teils als synthetische, teils als antithetische Dislokationen vorkommen.

Für den Einfluß der Tektonik auf die Gewinnbarkeit der Lagerstätte ist von Bedeutung, daß alle größeren Verwerfungen (> 10 m Verwurfshöhe) wegen der nachgewiesenen Äquidistanz relativ gut vorhergesagt werden können. Dagegen bereiten die kleineren, meist unvermittelt sogar in vierseitig umfahrenem Feld auftretenden Lagerungsstörungen die größten Schwierigkeiten. Im allgemeinen stellt jedes tektonische Element ein System von Verwerfungen und mit unterschiedlicher Breite, aber in überwiegend deutlicher Richtungskonstanz auftretenden Klüften dar, wobei größere Verwerfungen häufig fiederförmig ausklingen, kleinere dagegen in Kluftscharen enden.

Bemerkenswert und für die Deutung der rationellen Lagerstättennutzung von besonderem Interesse sind die Veränderungen der Mächtigkeit des Kupferschiefers. Wenn auch die Mächtigkeitsschwankungen nicht die Breite der Kupfergehaltsänderungen erreichen, so sind doch in tektonisch beanspruchten Arealen Kupferschieferteile weggequetscht und an anderer Stelle wieder angestaut oder in Gebieten mit Weißliegendanschwellungen (sog. „Dünen")[1] die Mächtigkeiten auf dem Top der Liegenderhebung stark reduziert (EISENHUTH & KAUTZSCH 1954). Nach KRIEBEL (1967) deckt sich die Weißliegendverbreitung nahezu mit der Verbreitung des darunterliegenden oberrotliegenden Sandsteinschiefers. Das bedeutet, daß besonders im erst teilweise aufgeschlossenen Norden und Nordwesten unserer Lagerstätte „Dünen" zu erwarten sind.

Eine Abnahme der Mächtigkeit des Kupferschiefers in Richtung zur Roten Fäule wurde von RUCKSTIEN

[1] Mit dem Begriff „Dünen" werden fälschlicherweise beulenförmige Anschwellungen des Weißliegenden bezeichnet. Da dieser Begriff seit Jahren im bergmännischen Sprachgebrauch verwurzelt ist, wird er in unserem Beitrag beibehalten.

(FREESE & JUNG 1965) erstmalig beobachtet und von den obengenannten Autoren regional bestätigt. Diese Erkenntnis besagt aber, daß in Arealen mit häufig vorkommenden Rote-Fäule-Inseln entsprechend auch häufig Mächtigkeitsänderungen zu erwarten sind. Darüber hinaus werden noch Anomalitäten der Kupferschiefermächtigkeit beobachtet, die mit keiner der genannten Erscheinungen in Verbindung zu bringen sind. So traten unvermittelt inselförmige Gebiete mit fehlender Lage 5 (Schwarze Berge) oder anomal mächtige Zonen des Kupferschiefers auf, die noch nicht gedeutet werden konnten, aber Einfluß auf die Qualitätsparameter hatten.

Bestimmend für die Festlegung der zu produzierenden Minern und die Auslösung der Produktionsaufträge an die Gewinnungsbrigaden sind die Kupferführung, die Gewinnungsart, das Gewinnungsverfahren sowie Fragen der Förderung, Qualitätskontrolle und Entlohnung und letztlich das Rohhüttenverfahren. Die Hauptaufgabe besteht in einer den geologischen, bergmännischen und gebirgsmechanischen Bedingungen Rechnung tragenden Optimierung der Verluste und der Verdünnung des Erzes. Es ist von Bedeutung, hervorzuheben, daß die Verhüttung des tauben Gesteins nicht nur hohe Kosten verursacht, sondern wegen des Schlackenkupfergehalts wesentlich zur Entstehung von Rohhüttenkupferverlusten beiträgt. Es ist deshalb notwendig, den beschrittenen Weg zur rationellen Lagerstättennutzung zielstrebig fortzusetzen und an einer schnellen Lösung der Qualitätsprobleme energisch zu arbeiten. Die Qualitätsarbeit zur Senkung von Erz- und Metallverlusten sowie der Erzverdünnung ist deshalb so kompliziert, weil im Kupferschieferbergbau zahlreiche Gewinnungsverfahren, mehrere Gewinnungsarten, unterschiedliche Erzsorten und Qualitätsgrenzwerte sowie normentechnische Varianten angewendet werden müssen. Dazu kommen noch die durch die starke Absetzigkeit der Lagerstätte infolge Rote-Fäule- und anderer Vertaubungen hervorgerufenen Wechsel in der Lagengültigkeit, die im Sinne einer ökonomischen Abbauführung eine flexible Technologie, Qualitätskontrolle und -bewertung verlangen.

2.2. Die Gewinnung des Erzes

2.2.1. Definitionen

Im Kupferschieferbergbau werden solche Begriffe verwendet, die Eingang in die noch nicht bestätigte „Anordnung über die Berechnung, Bestätigung und Erfassung von Lagerstättenvorräten und ihrer optimalen Nutzung sowie die Berechnung und Bestätigung von Speichervolumina (Lagerstättenwirtschaftsanordnung)“ gefunden haben.

Während Abbauverluste und Verluste durch Beendigung der Lagerstättennutzung eine insgesamt untergeordnete Bedeutung besitzen, sind es vor allem die Gewinnungsverluste, die entscheidend beeinflußt werden müssen.

Gewinnungsverluste sind „aus dem Naturverband bereits gelöste Vorratsmengen, die jedoch bei der Gewinnung oder beim Transport für eine volkswirtschaftliche Nutzung verlorengehen“.

Erzverdünnung ist der Anteil vertaubten Gesteins im Mischerz oder in den Minern. Wir trennen in zulässige und unzulässige Erzverdünnung.

Metallverluste — Metallmenge, die mit den Erzverlusten verlorengeht.

„Schuttkupfergehalt“ — Kupfergehalt der Erzverdünnung.

2.2.2. Die Gewinnung des Kupferschiefers

Die Ursachen der Entstehung von Erz- und damit Metallverlusten sowie der Erzverdünnung versuchen Verf. an der Erläuterung der Gewinnung zu verdeutlichen.

Nach der bergbehördlich genehmigten „Arbeitsanweisung über den Abbau des Kupferschiefers“ vom 17. 8. 1964 sind der Kupferschiefer und das vererzte Nebengestein mit Vollversatz abzubauen. Zur Vermeidung des unökonomischen und technisch schwierigen Einbringens von Fremdversatz werden die Versatzberge durch Erhöhung des Strebes gewonnen. Diese Methodik ist aber um so schwieriger zu lösen, je höher die Vererzung des Kupferschiefers und seines Hangenden reicht. Aus diesem Grunde ist, um eine normentechnisch bedingte optimale Strebhöhe zu halten, das Ansetzen von Blindfahrten sowie das Einbringen von Holzpfeilern statthaft. Zur Zeit werden bei einer Produktion von Kupferschiefererz und Hangenderz 0,95—1,20 m und bei den niedrigeren Mächtigkeiten 0,85 m Strebhöhe gefordert.

Die beim Sprengvorgang anfallenden Schießberge werden nach visueller Sortierung entweder als Versatzberge, Haldenberge oder als Erz gefördert, wobei die Bergleute wegen ihrer langen Praxis und der durchgeführten geologischen Spezialausbildung in der Lage sind, Erz von den Halden- und Versatzbergen zu unterscheiden.

Die Einteilung und Bezeichnung der Gewinnungsverfahren erfolgen nach der Art der gewählten Strebfördermittel in:

	Kurz-zeichen
Strebe mit Hunteförderung	(HS)
Plattenbandstrebe	(PB)
Einschienenfördererstrebe	(ESF)
oder nach der Art der Verhaulinie in:	
Geradstrebe mit Schrapperförderung	(GS)
sowie nach der Art der Gewinnung in:	
Schießerstrebe mit Hunteförderung	(SCH)
und den Schälschrapperstrebbau	(SSSB)

Von weiterer Bedeutung für die qualitative Gewinnung der Erzsorten ist das gebirgsmechanische Verhalten der Lagerstättengesteine, das von der Strebstellung und den petrographisch-geochemischen Kennziffern abhängig ist. Der Ausdruck des Einflusses der Gebirgsmechanik auf den Lagerstättenkörper sind die im Schichtengrenzbereich häufig auftretenden schichtparallelen Löseflächen (sog. Scheidungen oder glatten Lagen) sowie die unterschiedlichen Einfallwinkel der auf die Strebfront wirkenden Druckschlechten. Die bewußte Ausnutzung des Gebirgsdrucks für eine Leistungssteigerung wird seit alters her im Mansfelder Kupferschieferbergbau praktiziert, kann aber, wie noch zu berichten ist, bei Nichtbeachtung bestimmter Kriterien zu Qualitätsverschlechterungen führen.

Unter Berücksichtigung der gebirgsmechanischen Einschätzung werden technologisch die Anordnungen der Strebe zu Flügeln als Systeme von Voraus-, Pfeiler-, Sohlenstreifen- und Nachfolgestreben mit vorwiegend senkrecht (schwebend) zum Streichen gerichteten Verhieben, seltener diagonalen und streichenden Verhieben konzipiert.

Grundsätzlich unterscheiden wir im Kupferschieferbergbau nach der Art der Gewinnung zwischen:

Abräumarbeit und Unterhackarbeit } bei bogenförmiger Verhaulinie (kurz: Bogenstrebe)

bzw. zwischen:

Bergevorausschießen und Flözvorausschießen } bei gerader Verhaulinie (kurz: Geradstrebe)

Bei der Abräumarbeit oder analog dem Bergevorausschießen (Abb. 1) werden durch die Brisanz der Sprengwirkung die oberen Teile und die vordere Kante des Kupferschiefers weggerissen und in den Versatzraum geschleudert, bzw. das Erz fällt so kleinstückig an, daß ein Ausklauben aus dem Haufwerk unökonomisch wird. Auch das Trennen der Erzanteile von den Schießbergen verursacht sehr viel Mühe und wird deshalb häufig unterlassen. Beim nachfolgenden Abräumvorgang entstehen Verluste durch zu tiefes

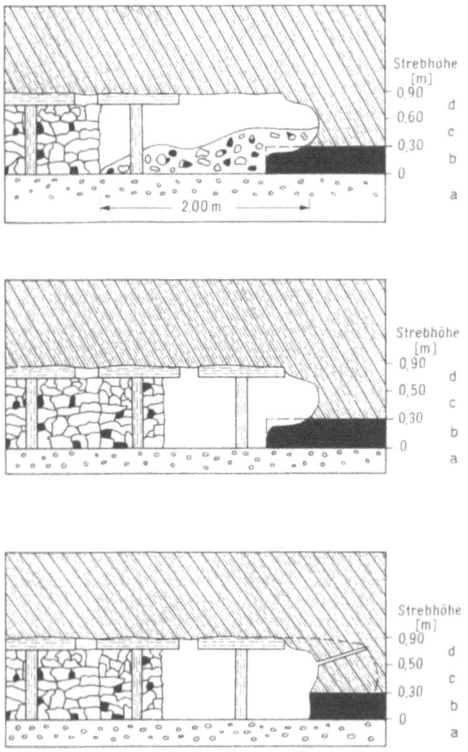

Abb. 1. Schematische Darstellung der Arbeitszyklen bei der Abräumarbeit

I — vor Schichtbeginn, II — nach dem Wegräumen der Schießberge und Abräumen der Schieferbank, III — Gewinnung der Schieferbank und Abbohren der Sprengbohrlöcher
a — Fäule (Ca α_1), b — Dachklotz (Ca α_2), c — Kupferschiefer (T_1), d — Zechstein-Konglomerat (Z 1 C)

Abräumen bis in den Erzkörper hinein. Die Erzverdünnung wird hauptsächlich durch Hereinbrechen des Gesteins, durch die schwierigen gebirgsmechanischen Verhältnisse sowie durch den bei kleinstückigem Material unzulänglichen Auslesevorgang erzeugt. Auch das Mitschicken von Erz mit anhaftender Verdünnung sowie Unterhackversuche führen zu hohen Erzverdünnungen.

Bei stärkerer Sprengwirkung und vollmechanischer Abförderung des Gesteins sind die Qualitätsparameter schlechter, weil die visuellen Aussortierungen gänzlich wegfallen.

Bei der Unterhackarbeit bzw. dem Flözvorausschießen (Abb. 2) treten die Erzverluste dadurch auf, daß mit zunehmender Schramtiefe der obere Teil des Erzes keilförmig am Nebengestein anhaftet und mit weggesprengt wird und dadurch in die Versatz- oder Haldenberge gelangt. Beim Flözvorausschießen ist infolge der Sprengwirkung der Erzverlust wesentlich höher. Die im Strebraum liegenden Berge enthalten Stücke mit hohem Schieferanteil, die erfahrungsgemäß als Erz produziert werden (Erzverdünnung!) oder bei geringem Schieferanteil in den Versatz gelangen (Erzverluste!). Die Erzverdünnung entsteht weiterhin durch Hereinfallen von Bergen. Wegen der hohen Erzverluste und Erzverdünnungen, die beim Verfahren Flözvorausschießen vollkommen unbefriedigend waren, mußte diese Methode eingestellt werden.

Beiden Gewinnungsarten ist also eigen, daß die Erzverluste entweder in die Versatz- oder in die Haldenberge gelangen und damit volkswirtschaftlich verloren sind. Die beschriebenen Unzulänglichkeiten und Ursachen der Entstehung von Erz- und damit Metallverlusten sowie der Erzverdünnung zeigen eindeutig, daß bei dem Bemühen um die Verbesserung der Qualitätsparameter optimale Beziehungen zwischen Qualität, Leistung und Kosten geschaffen werden müssen.

Darüber hinaus wurden bei den Untersuchungen noch Gesetzmäßigkeiten erkannt, die für die Qualitätsverbesserung ausgenutzt werden konnten. Von FREESE (1966) werden dabei die

Beziehungen zwischen Erzverlusten und Abschlagtiefe sowie

Erzverlusten und Erzverdünnung

genannt. Weiterhin könnten dazu zählen die

Beziehungen zwischen Qualifikation der Belegschaft, den ökonomischen Hebeln und den Qualitätskennziffern,

Beziehungen zwischen optimaler Belegung und den Qualitätsparametern sowie

Beziehungen zwischen Qualität und Gewinnungsmethode und

Beziehungen zwischen dem gebirgsmechanischen Verhalten der Lagerstätte und der Qualität.

3. Zur rationellen Lagerstättennutzung

Nachdem durch jahrelange umfangreiche Untersuchungen die Ursachen der Entstehung und die Höhe der Erz- und Metallverluste sowie der Erzverdünnung erkannt wurden, setzte ab 1962 ein angestrengtes Bemühen zur Verbesserung der Qualität ein. Dabei wurden die nachgewiesenen Beziehungen und geologischen Gesetzmäßigkeiten systematisch zur Qualitätsverbesserung, bei gleichzeitiger Schaffung von technisch begründeten Arbeitsnormen (TAN), ausgenutzt. Die Reihenfolge der Untersuchungen wurde vom volkswirtschaftlichen Effekt bestimmt, und mit der Lösung wurden sozialistische Arbeitsgemeinschaften beauftragt. Von 1963 bis 1965 liefen die Versuche zur verlustarmen Gewinnung, von 1965—1968 wurden Experimente zur Qualitätsverbesserung bei der normalen Lagenschickung und ab 1968 Unter-

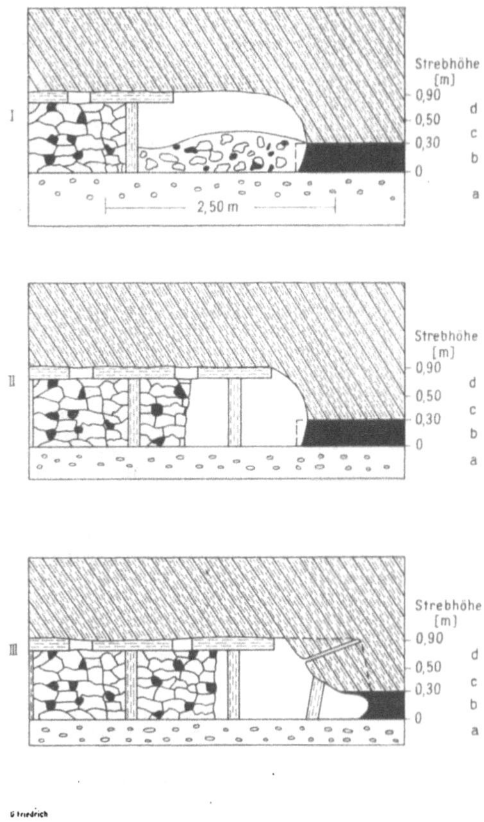

Abb. 2. Schematische Darstellung der Arbeitszyklen bei der Unterhackarbeit

Legende siehe Abb. 1.

suchungen zur verdünnungsarmen selektiven Flözlagengewinnung durchgeführt und die Ergebnisse sofort in die Praxis überführt. Diese Forschungsarbeiten werden 1970 abgeschlossen.

Mit diesen Arbeiten gingen einher bzw. waren Bestandteil der Untersuchungen eine geologische Schulung der gesamten Belegschaft in der Gewinnung, die Erprobung der ökonomischen Hebel Lohn und Prämie und eine ideologische Aufklärungsarbeit. Die Ziele der Arbeitsgemeinschaften wurden Bestandteil wichtiger Beschlüsse von Partei und Wirtschaftsleitung und unterlagen der regelmäßigen Rechenschaftslegung.

Wir können feststellen, daß außer dem neuen SSSB-Verfahren alle Gewinnungsverfahren hinsichtlich einer optimalen Qualitätsarbeit überprüft wurden und unter dem Gesichtspunkt einer komplexen Qualitätsbewertung arbeiten. Dabei haben wir im Sprachgebrauch folgende Begriffe eingeführt:

verlustarme Gewinnung, d. h. Gewinnungsverfahren mit Erzverlusten unter 5% bei niedriger Verdünnung,

verdünnungsarme Gewinnung, d. h. Gewinnungsverfahren mit einer Erzverdünnung unter 5% bei niedrigen Verlusten, sowie

normale Gewinnung, d. h. Verfahren mit Erzverlusten und Erzverdünnungen um 10%.

Das Ergebnis dieser Arbeiten sind die planwirksame Senkung der Metallverluste von etwa 10% im Jahre 1960 auf etwa 5% im Jahre 1970 sowie die Verminderung der Transport- und Schmelzkosten durch die Reduzierung der Erzverdünnung. Insgesamt wurde damit das Kostenergebnis des Finalprodukts Kupfer wesentlich beeinflußt.

Trotz der guten Resultate und Erfolge sind Verf. der Auffassung, daß bei der Lösung verschiedener Probleme eine weitere Erhöhung der Effektivität der rationellen Lagerstättennutzung erreicht werden kann. Verf. erlauben sich, einige dieser Probleme zu umreißen:

I. Die im Kupferschieferbergbau angetroffenen Lagerungsstörungen erschweren nicht nur eine Mechanisierung des Bergbaus, sondern mit Annäherung an die Verwerfungen oder im Bereich einer Liegendanschwellung wird auch die Qualität negativ beeinflußt. Die Ursachen sind hereinbrechende Gesteinsschalen an Harnischflächen (sog. seifige Bahnen), extreme Strebhöhen infolge der Überlagerung von Druckschlechten und Kluftsystemen (sog. Pflasterbildung) oder Mächtigkeitsänderungen durch Verquetschung oder primäre Reduzierung. Die Einhaltung der Qualität beginnt deswegen schon bei der Projektierung, weil durch Angabe der Verhiebsrichtung in Anlehnung an das Generalstreichen der Tektonik, den Charakter der Bewegungsformen und der Höhe und Streichrichtung der Liegendanschwellungen die Einflüsse gemindert werden können.

Da in den nächsten Jahren mehr und mehr Gebiete mit größeren Lagerungsstörungen mechanisiert abgebaut werden müssen, ist die Bearbeitung des Charakters der Liegendanschwellungen, der Bewegungsformen der Tektonik und deren Einflüsse auf die Qualität eine wichtige Aufgabe zur Stabilisierung des Kostenergebnisses.

Bei der vorläufigen Auswertung gehen wir von der Annahme aus, daß nicht jede tektonische Bewegungsform einen direkten Einfluß auf das Qualitätsergebnis zeigt, sondern daß die Breite des Beanspruchungsraumes, die Streichrichtung der Verwerfung und der Winkel zur Verhiebsrichtung, die Anzahl der Verwerfungen und deren Sprunghöhe, der Charakter der Kluftscharen und die Art der Klüftung sowie das Gewinnungsverfahren, die Strebstellung und die Lagenschickung von unterschiedlicher Einflußgröße sind.

Die Qualitätsergebnisse einer Reihe von Streben mit unterschiedlichen geologischen und bergmännischen Bedingungen lassen im Vergleich mit der tektonischen Situation deutliche Beziehungen erkennen. Die hauptsächlichsten Faktoren sind:

1. Bei normaler Lagenschickung tritt bei tektonischer Beanspruchung eine Verschlechterung der Erzverdünnung und der Erzverluste auf.

2. Bei verlustarmer Gewinnung in tektonisch beanspruchten Gebieten ist eine Verschlechterung der Parameter der oberen Armerzzonen zu verzeichnen. Die Schieferverluste liegen in normaler Höhe.

3. Spitzwinklig angefahrene aufgefiederte Verwerfungen in den Abhieben bewirken nur geringfügige Auswirkungen auf die Qualität des Erzes. Eine spürbare Verschlechterung tritt dann auf, wenn die Verwerfung in der Strebmitte liegt und längere Zeit mitgeführt wird.

4. Die größten Abweichungen der Qualitätsparameter vom Normalwert sind dann festgestellt worden, wenn Kreuzungspunkte von Verwerfungen mit unterschiedlicher Streichrichtung durchörtert werden mußten.

5. Bei frontal angefahrenen Verwerfungen mit vorgelagerten Kluftsystemen ändert sich die Qualität erst im eigentlichen Störungsbereich. Die Klüfte sind ohne Einfluß.

6. Durch Mitführen von Verwerfungen in den Abhieben sind die relativ besten Qualitätsergebnisse registriert worden.

7. Die Qualitätskontrolle ist in tektonisch beanspruchten Gebieten wegen der Zerstückelung des Erzes schwierig.

In ähnlicher Form wirken die Liegendanschwellungen auf die Qualität des Erzes, die im Grundriß als länglichovale Gebilde mit flach bis steil abfallenden Schenkeln sowie unterschiedlicher Scheitelhöhe und Streichrichtung auftreten. Die Schenkel sind bei herzynischem Streichen des Kupferschiefers am SW-Hang länger als am NE-Hang, weil das Einfallen des Kupferschiefers hangverlängernd wirkt. Besonders im Grubenfeld des Thomas-Münzer-Schachtes wurden zahlreiche Liegendanschwellungen angetroffen (KRIEBEL 1967), welche die Mechanisierung der Erzgewinnung leistungs- und qualitätsmäßig minderten. Den Einfluß der „Dünen" muß man unterschiedlich bewerten.

Wird eine Liegendanschwellung senkrecht oder spitzwinklig zur Längserstreckung angefahren, dann ist die Schießarbeit außerordentlich schwierig, weil das Kupferschieferflöz Mächtigkeitsreduzierungen aufweist und durch das starke Einfallen das Erz beim Sprengvorgang auf dem „Dünen"-Hang in den Versatzraum wegrutscht und nicht zurückgewonnen werden kann.

Muß eine Liegendanschwellung hangaufwärts überquert werden, dann ist besonders beim Geradstrebabbauverfahren eine Gewinnung des Kupferschiefers außerordentlich kompliziert, weil der Schrappkasten unkontrolliert am „Dünen"-Hang aus der normalen Bahn rutschen kann und dabei Versatzberge (Verdünnung!) mitreißt. Am Abhieb und an der Schrappfahrt ist eine Kontrolle des Schrappkastens durch die Umlenkrollen möglich.

Im Gegensatz dazu hat dabei eine Gewinnung hangabwärts den Nachteil, daß der Schrappkasten Teile des anstehenden Erzes wegreißt (Erzverluste!).

Nachteilig bei der Planung des Abbaus und beim Gewinnungsvorgang erweisen sich die Streichrichtungsänderungen der „Dünen".

Während beim Geradstrebabbauverfahren direkt Qualitätsverschlechterungen auftreten, ist die Qualität bei den bogenförmigen Gewinnungsverfahren auf Grund des höheren manuellen Anteils durchaus zufriedenstellend. Wegen der ungünstigen Morphologie tritt aber eine höhere mechanische Beanspruchung ein, die zu Stillstandszeiten führt, demnach Änderungen im Arbeitszyklus beinhaltet und dadurch indirekt zu schlechter Qualität führen kann.

Besonders erschwerend ist eine rationelle Gewinnung in den Bereichen, in denen Liegendanschwellungen mit Tektonik und sogar ungünstiger Scheidung zusammenfallen.

II. Seit längerer Zeit sind die Einwirkungen der Gebirgsmechanik auf die Qualität des Erzes bekannt. Man kann zwei Hauptkriterien herausstellen:

die gebirgsmechanischen Löseflächen (sog. Scheidungen) als oder in der Nachbarschaft geologischer Grenzen und

die Zerstückelung des Erzkörpers in Pfeilerstreben durch sehr starke Druckeinwirkung.

Bis jetzt ist es noch nicht möglich gewesen, die Erscheinungsformen der Löseflächen zu deuten und damit für die Qualitätsarbeit zu nutzen.

Die aperiodisch über längere Zeiträume durchgeführten Dokumentationen der gebirgsmechanisch bedingten Löseflächen an geologischen Schwächezonen erbrachten den Nachweis, daß die „Scheidungen" auf bestimmte Stellen im Flözprofil konzentriert sind.

1. Grenzbereich Feine Lette/Grobe Lette (2—3 cm oberhalb des Liegenden);

2. Grenzbereich Grobe Lette/Kammschale (8—10 cm oberhalb des Liegenden);

3. Grenzbereich Kammschale/Schieferkopf (11—13 cm oberhalb des Liegenden);

4. Grenzbereich Schieferkopf/Schwarze Berge (19—22 cm oberhalb des Liegenden);

5. unterer Teil der Fäule (50—60 cm oberhalb des Liegenden). Diese Lösefläche wird auch „Knickzone" oder „Ruschelzone" genannt;

6. mittlerer Teil der Fäule (1,10—1,20 m oberhalb des Liegenden). Diese Lösefläche wird als „glatte Lage" bezeichnet;

7. Grenze Fäule/Bankkalk (1,50—1,90 m oberhalb des Liegenden). Diese Lösefläche wird ebenfalls als „glatte Lage" bezeichnet.

Untergeordnet wurden darüber hinaus Löseflächen innerhalb der Lagen Grobe Lette und Schwarze Berge sowie im Bankkalk beobachtet, die aber für die Behandlung unserer Problematik ohne größeres Interesse sind. Bemerkenswert für das Auftreten der Löseflächen ist, daß diese selten ideal übereinander vorkommen und von der Abbauführung, Strebstellung, Qualifikation der Kollektive und der petrographisch-geochemischen Charakteristik der Lagerstätte abhängig sind (Tab. 1). Teilweise lassen sich die Auswirkungen der Löseflächen wegen Überschneidung mit anderen Faktoren nicht sicher abgrenzen. Durch die Abteilung Gebirgsmechanik werden gegenwärtig die vielseitigen Beziehungen untersucht.

Die Qualitätsarbeit in der Gewinnung wird beim Auftreten der Scheidungen durch folgende Faktoren beeinflußt:

Löseflächen unmittelbar oder wenige Zentimeter unter der bauwürdigen Mächtigkeit ermöglichen eine Produktion ohne hohe Verdünnung, aber mit hohen Verlusten.

Löseflächen unmittelbar oder wenige Zentimeter über der bauwürdigen Höhe schaffen Voraussetzungen für hohe Verdünnung, aber niedrige Verluste.

Löseflächen weit unter oder über der bauwürdigen Höhe können positive oder negative Auswirkungen auf die Qualität des Erzes haben.

Die „Scheidung" im Bereich der Lagengrenzen Feine Lette/Grobe Lette wird häufig beobachtet. Oftmals ist dabei die Feine Lette mit dem Liegenden des Kupferschiefers dermaßen innig verwachsen, daß eine Trennung nicht oder nur mit erhöhtem Aufwand durchgeführt werden kann. In Abhängigkeit vom Kupfergehalt der sogenannten „festgebrannten Lette" und dem für die Gewinnung erforderlichen Mehraufwand an Arbeitszeit wird deshalb unter ökonomischer Sicht operativ über die Gewinnung dieses Erzes entschieden. In größeren Lagerstättenteilen am Rande von Rote-Fäule-Arealen (FREESE & JUNG 1965, KNITZSCHKE 1966) ist die Feine Lette unbauwürdig und eine Gewinnung der „festgebrannten Lette" i. S. einer Senkung von zulässiger Verdünnung unökonomisch. Nach Kenntnis der Ursachen ist es in diesen Gebieten sogar notwendig, das „Festbrennen" durch Änderung der gebirgsmechanischen Verhältnisse hervorzurufen. Nach den Untersuchungen von HAUCHE (1964) werden als Hauptkriterien zur Verhütung von Hängenbleiben der Feinen Lette genannt:

1. Das Flöz soll möglichst schwebend verhauen werden.

2. Pfeilerstrebe sind möglichst zu vermeiden.

3. Durch eine berggerechte Verhaulinienführung ist der Gebirgsdruck so zu lenken, daß starke Druckerscheinungen im Hangenden vermieden werden.

Soll also das „Festbrennen" hervorgerufen werden, so sind gerade obengenannte Kriterien zu vermeiden.

Die Löseflächen im Bereich der Lagengrenzen Grobe Lette/Kammschale und Kammschale/Schieferkopf haben nur dann eine Bedeutung für die rationelle Lagerstättennutzung, wenn die bauwürdige und genormte (d. h. gewinnbare) Erzhöhe mit diesem Niveau zusammenfällt (Lagenschickung 1—3). Dies trifft für das Gewinnungsverfahren „Bergevorausschießen" zu, wo der Abräumvorgang bis auf die Lage Kammschale betrieben werden kann. Liegt die Scheidung zwischen den Lagen 2 und 3, dann sind gewöhnlich Verluste durch das Wegrutschen der Kammschale zu verzeichnen. Befindet sich die Lösefläche dagegen zwischen den Lagen 3 und 4, so ist eine qualitativ gute Gewinnung möglich. Ist dagegen keine Scheidung vorhanden, so wurden durchweg hohe Verluste und hohe Erzverdünnungen registriert. Bemerkenswert ist noch die Tatsache, daß die beiden letzteren Löseflächen hauptsächlich in höher gelegenen Lagerstättenteilen, weniger dagegen in den tieferen Sohlen bemerkt wurden.

Die größte Verbreitung konnte für die Lösefläche zwischen den Lagen Schieferkopf und Schwarze Berge nachgewiesen werden. Diese Scheidung tritt vorzugsweise etwa 1 cm unter der Lagengrenze, seltener an der Grenze auf. Anscheinend ist die Abgrenzung des „Köpfchens", d. h. des oberen, etwa 1 cm zwischen der Lagengrenze und der Scheidung befindlichen Teils des Schieferkopfes, mit auf diese gebirgsmechanische Ursache zurückzuführen. Offensichtlich sind aber auch geologische Einflüsse von Bedeutung, wie die teilweise Begrenzung des Köpfchens durch Nähte sowie Änderungen im Farbton beweisen. Während in der ausgeerzten Mansfelder Mulde diese Subzone weit verbreitet war, tritt diese im Sangerhäuser Revier nur mit schätzungsweise 50% auf.

Befindet sich die bauwürdige Höhe weit über der Scheidung im Bereich der Lagengrenzen Schieferkopf/Schwarze Berge (entspricht Normung 1—5), dann erkennt man an mehreren Beispielen, daß vermutlich infolge der Scheidung Teile der bauwürdigen Lage 5 auf der glatten Unterlage weggerutscht sind und verlorengingen. Die dabei häufig auftretende hohe Verdünnung ergibt sich aus der fehlenden Scheidung zwischen den Lagen 5 und 6.

Demgegenüber gibt es auch Fälle, wo trotz der Scheidung zwischen den Lagen 4 und 5 bei Normung der Lagen 1—5 eine einwandfreie Qualitätsarbeit geleistet wurde (z. B. Plattenband 1, Flügel 34, des Bernard-Koenen-Schachtes), wo bei einer genormten Höhe von 33—35,1 cm und einer Scheidung bei 20—21 cm Verdünnungswerte von 4—4,2% und Verluste um 3% nachgewiesen wurden.

Eine weitere Ablösung von Gesteinsschichten beim Gewinnungsprozeß findet im unteren Abschnitt der Fäule statt. Diese Erscheinung, die unter der Bezeichnung „Knickzone" oder „Ruschelzone" bekannt ist, beeinflußt wesentlich die Qualitätsarbeit bei der Vererzungsform 1—6, aber auch die niedrigeren Normungen. In den meisten Fällen ist die Knickzone nicht identisch mit der bauwürdigen Höhe, die bei 1—6-Vererzung bei 55—60 cm liegt, sondern befindet sich bei 60—65 cm im „weicheren" Bereich der Fäule (Tab. 1). Dadurch tritt eine Verdünnung des Hangenderzes ein, weil es technisch außerordentlich schwierig wird, den Bereich zwischen bauwürdiger Höhe und Knickzone (meistens 1—5 cm) auszusondern. Bei deutlich ausgeprägter Knickzone über den gesamten Strebraum ist sogar die Normung der Lagen 1—6 und damit die Produktion eines vollständigen Mischerzes bei guter Qualität trotz der komplizierten Kontrolle möglich.

Einen interessanten Versuch zur Ermittlung der Größenordnung der beeinflussenden Scheidungsbildungen führte die Sozialistische Arbeitsgemeinschaft „Verbesserung der Qualitätsarbeit" 1969 durch. Dort befand sich die Knickzone 0,45 cm über dem Liegenden und ca. 24 cm über der bauwürdigen Höhe und umfaßte ca. 50% des rechten Strebteils. Mit Abnahme der Scheidung von 50% auf etwa 20% im Zeitraum von 8 Wochen nahm die Erzverdünnung bzw. der Lage-5-Anteil von 22% auf 20% geringfügig ab, jedoch gingen die Einzelwerte der beiden dort angesetzten Brigaden bis zu max. 7,5% auseinander. Dadurch nahm die bis dahin objektiv bedingte Überschreitung der Grenzwerte mehr und mehr subjektiven Charakter an.

Zuletzt führen wir noch die Scheidungen an, die im oberen Teil der Fäule oder an der Grenze Fäule/Bankkalk auftreten und die Bezeichnungen „glatte Lagen" wegen ihrer ebenen Absonderung führen.

Vorzugsweise wurde die erste glatte Lage im Nordteil der Lagerstätte im höheren Niveau angetroffen, während die zweite glatte Lage überwiegend auf die südlich angrenzenden tieferen Areale konzentriert ist. Auch diese Löseflächen sind offensichtlich geologisch bedingt, wenn man die mögliche Unterteilung der Fäule im Sinne von EISENHUTH & KAUTZSCH (1954) in eine untere braune und obere Glas- oder Muschelfäule berücksichtigt. Von JANKOWSKI & JUNG (1962) durchgeführte Untersuchungen ergaben allerdings keine bemerkenswerten geochemischen Unterschiede in diesem Bereich. Für die Qualität hat nur die 1. glatte Lage Bedeutung. Je nach Lage dieser Fläche unter bzw. über der technologisch erforderlichen Strebhöhe sind die Brigaden gezwungen, aus Zeit- und Sicherheitsgründen teilweise Armerz als Versatz einzubringen oder ein verdünntes Hangenderz zu produzieren.

Tab. 2. Die Höhe der Erzverdünnung und der Erzverluste

Volle oder normale Lagenschickung

	Schiefer						Mischerz und Hangenderz			
Lage:	1–3		1–4[1])		1–5		1–6			
Gewinnungsart	Erzverdünnung %	Erzverlust %	Erzverdünnung %	Erzverlust %	Erzverdünnung %	Erzverlust %	Hangenderzanteil %	Erzverlust (Schiefer) %	Erzausbringen %	Cu-Gehaltsausbringen %
Geradstreb	20	10	18	15	18	15	–	9	110	75
Plattenband	–	–	10	5	6	10	–	2	120	75
Einschienenförderer	–	–	10	6	7	11	–	–	–	–
Huntestreb	–	–	9	5	5	8	6	6	100	60
Schießerstreb	–	–	9	15	4	17	–	5	110	75
Schälschrapperstrebbau Vorrichtung	–	–	10	15	–	–	–	–	–	–
Schälschrapperstrebbau Gewinnung	–	–	10	4	–	–	–	–	–	–

[1]) Die Werte sind um den Betrag der nichterfaßbaren Erzverdünnung bei Lage-1–4-Schickung erhöht worden.

„Reduzierte" oder verlustarme Lagenschickung

	Schiefer		Mischerz und Hangenderz			
Lage:	1–4½		1–5½			
Gewinnungsart:	Lage-5_1-Anteil und Verdünnung %	Erzverluste %	Hangenderzanteil %	Erzverl. (Schiefer) %	Erzausbringen %	Kupfergehaltsausbringen %
Plattenband	30	5	25	2	110	70
Einschienenförderer	30	5	25	2	110	70

„Verkehrte" oder verdünnungsarme Lagenschickung

	Mischerz und Hangenderz				
Lage:	5–7				
Gewinnungsart:	Erzverdünnung %	Hangenderzanteil %	Erzverluste (Schiefer) %	Erzausbringen %	Kupfergehaltsausbringen %
Plattenband	5	10	10	110	80

Auf die Zerstückelung des Erzes infolge einer starken Druckeinwirkung wurde schon mehrfach hingewiesen. Diese Kleinstückigkeit bewirkt eine ungenügende Aussonderung im Gewinnungsprozeß und verringert die Möglichkeiten einer Qualitätskontrolle. Besonders augenfällig sind die Erscheinungen am Alten Mann in den Pfeilerstreben, wo auch durch Spezialuntersuchungen die schlechtesten Parameter ermittelt wurden.

III. Von Bedeutung für ein qualitativ gutes Erz und zur Vermeidung von Lagerstättenverlusten ist die exakte Erfassung aller Änderungen der Lagengültigkeit und Mächtigkeiten. Zeitliche Abstände von der Probenahme bis zum Vorliegen des Analysenattestes von mehreren Tagen können zu Qualitätsminderungen führen. Dazu ein einfaches Beispiel:

Eine Brigade ist mit der Produktion der Kupferschieferlagen 1–4 beauflagt und schickt dieses Erz zwangsläufig vom Tag der untertägigen Probenahme bis zur Änderung des Plans weiter. Der Analysentest ergibt aber eine Gültigkeit der Lagen 1–5. Folglich mußte mehrere Tage auf die Produktion der bauwürdigen Lage 5 verzichtet werden. Es traten Vorratsverluste auf. Im umgekehrten Fall bei 1–5-Schickung und unbauwürdiger Lage 5 würden sich vermeidbare Erzverdünnungen ergeben.

Deswegen ist für die mit der Produktion unmittelbar verbundenen Geologen neben dem Probenabstand (JUNG, MEYER & FREESE 1969) auch die radikale Verkürzung des Probenahme- und Zerkleinerungsprozesses von großem wirtschaftlichem Interesse. Modernste Zerkleinerungstechnik und automatisierte Analysenmethoden bilden hier den Ausweg.

IV. Andere Probleme, die erst zum Teil aufgegriffen sind, wie:

der Einfluß der Qualität auf die Kondition;

der Einfluß der Menschen auf die Qualität bei fortschreitender Mechanisierung und Automatisierung;

Fragen der Art und des Umfangs der Qualifikation auf dem Gebiet der Qualitätsarbeit;

Fragen der Qualitätskontrolle und -bewertung bei Komplexförderung;

der Einfluß von Grubenwässern auf die Qualität des Erzes, sollen nur angegeben werden. Sie bilden neben den erstgenannten Problemen den Hauptanteil der nächsten geologischen Forschungen.

4. Gewinnungsverluste und Erzverdünnung als ökonomische Faktoren

Die Ökonomie eines Bergbaubetriebes wird zu einem wesentlichen Teil mit durch die Qualität des der Verhüttung zugeführten Erzes bestimmt. Es kommt in entscheidendem Maße mit darauf an, in welchem Umfang das Erz durch taubes Nebengestein verdünnt und durch Verluste der Nutzkomponente reduziert worden ist. Die Verdünnung spielt dabei bereits seit den frühesten Beziehungen zwischen Bergbau und Hütte eine entscheidende Rolle, da im Hüttenprozeß die Kosten deutlich im Betriebsergebnis sichtbar werden. Daß die Erzverluste zunächst bei der ökonomischen Beurteilung eines Bergbauprozesses nicht unmittelbar in den Blickpunkt gezogen wurden, lag am versteckten Charakter der Wirkung dieser ökonomischen Komponente. Dies war auch ganz natürlich, da die Erzverluste nur über die Metallverluste wirksam werden können und Untersuchungen über die Verteilung dieser Verluste und ihre Beziehungen zur Ökonomie erst Anfang der 60er Jahre vorgenommen wurden. FREESE (1965) schlägt zur Bewertung der Verluste vor, die Kompensation der Verluste durch Abbaufläche und damit durch Größerhalten des gesamten Grubengebäudes vorzunehmen, woraus unmittelbar Kosten entstehen und sich schließlich Wirkungen auf die Lebensdauer des Bergbaubetriebs ergeben.

Eine weitere Möglichkeit zur ökonomischen Beurteilung der Verluste bietet sich über die Rechnung an frei werdenden Arbeitskräften an (Sozialistische Arbeitsgemeinschaft „Verlustarmer Abbau" 1963), die wegen der Metallverlustsenkung anderweitig zur Mehrproduktion eingesetzt werden können. Der ökonomische Effekt ist nahezu gleichwertig, so daß man sich auf eine Darstellung beschränken kann. Da von FREESE die Untersuchungen über die ökonomischen Beziehungen von Verdünnung und Verlusten am weitesten geführt wurden, lehnen sich die nachfolgenden Ausführungen im wesentlichen hieran an.

Zur ökonomischen Beurteilung werden die Transport- und Verhüttungskosten der Minern und die Erlöse durch die Nutzkomponenten herangezogen. Dabei beziehen sich die Erlöse (es kann auch ein negativer Wert sein) auf folgende Nutzkomponenten:

a) beim Erzverlust auf den Kupferinhalt,

b) bei der Verdünnung auf den Kupferinhalt und auf den Anteil basischer Verbindungen.

Durch die Verdünnung wird die Qualität des Fördererzes grundsätzlich nachteilig beeinflußt. Man darf jedoch hierbei nicht übersehen, daß zur Möllerung des Hüttenprozesses ein bestimmter Anteil an basischen Zuschlagstoffen benötigt wird, der aus dem Nebengestein des Kupferschiefers kommt. Bei entsprechender Schlackenzähigkeitskennziffer (Tab. 1) wird damit durch die Verdünnung ein Teil der Kosten der Zuschlagstoffe kompensiert. FREESE (1965) hat die wichtigsten Einflußfaktoren berechnet und in nachfolgender Tabelle zusammengestellt:

Kupferverlust %	Zusätzliche Kosten M/m²	Verdünnung cm	Zusätzliche Kosten M/m²
20	12,50	2	3,55
20	12,50	10	17,75
10	5,50	2	3,15
5	2,60	2	2,99

Hieraus wird deutlich, daß den Gewinnungsverlusten die gleiche ökonomische Bedeutung zuerkannt werden muß wie der Verdünnung. Da, wie bereits in vorangegangenen Abschnitten angeführt wurde, die Qualität eine entscheidende Abhängigkeit zur Steigerung der Abbauleistung zeigt, müssen also unbedingt die ökonomischen Beziehungen zwischen den Verlusten und der Verdünnung beachtet werden.

Zum ersten Male wurden 1959 auf der Schachtanlage „Bernard Koenen" Erz- und Kupferverluste sowie die Erzverdünnung im Schachtdurchschnitt geplant. Bis zu diesem Zeitpunkt war nur die Verdünnung Bestandteil der Planung. Nach Vorliegen der ersten Untersuchungsergebnisse wurde 1963 ein Planungsschema erarbeitet, das in seinen Grundzügen noch heute angewendet wird. Dieses Modell besagt, daß die Erzverluste und Erzverdünnung sowie die Hangenderzqualität getrennt für jedes Gewinnungsverfahren, Lagengültigkeit, Strebstellung einzuplanen sind (Tab. 2). Die Metallverluste und der Metallgehalt der Verdünnung werden im Schachtdurchschnitt eingerechnet. Die Metallverluste, die hauptsächlich von der Metallisation der Lagen des Kupferschiefers abhängig sind, werden über die in ökonomischen Experimenten durch Großversatzproben und Haldenbergekontrollen ermittelten Verluste in den Lagen des Kupferschiefers berechnet (Tab. 3). Notwendigerweise bedarf diese Berechnung bei grundsätzlicher Änderung der Metallisation, der Zusammensetzung der Gewinnungsverfahren und der Lagengültigkeit einer fortschreitenden, mindestens aber jährlichen Überprüfung.

Tab. 3. Anteil der Erzverluste an den Gesamtverlusten

Abbauart	Lagenschickung	Lage 1–3 %	4 %	5 %
Bogenstreb	1–5 mit Hangenderz	15	20	65
	1–5	15	25	60
	1–4½	50	50	–
	1–4	40	60	–
Geradstreb	1–5 mit Hangenderz	15	25	60
	1–5	15	25	60
	1–4½	nicht bestimmt		
	1–4	40	60	–
	1–3	100	–	–

Der Metallgehalt der Verdünnung wird regelmäßig durch Metallgehaltsbestimmungen ermittelt und der durchschnittliche Ist-Wert als Planwert angesetzt.

Zukünftig werden diese Rechenoperationen mit Hilfe von EDV-Modellen in kürzeren Zeitabständen durchgeführt.

Die Kontrolle der Erze erfolgt mit Hilfe direkter und indirekter Kupfer- und Erzkontrollmethoden. Die Einhaltung der Qualitätsgrenzwerte wird materiell mit Mehrlohnprämien bewertet. Es ist vorgesehen, den gesamten Komplex in einer späteren Publikation darzustellen.

5. Die Organisation der Lagerstättenkontrolle

In Anbetracht der großen Bedeutung der Qualitätskennziffern auf das Kostenergebnis des Finalproduktes Kupfer sowie der komplizierten Gewinnungsverhältnisse wurden schon 1961 alle Kontrollorgane des Bergbaus (Geologie, TKO) zu einem Bereich für rationelle Lagerstättenbewertung und -kontrolle unter der Abteilung Geologie zusammengefaßt. Die Unterstellung zur Abteilung Geologie ist auf den großen Einfluß der geologischen Verhältnisse auf die Qualität, die Anwendung „geologischer" Qualitätskontrollmethoden und der Verantwortlichkeit der Geologen für den Lagerstättenschutz zurückzuführen. Dieser Bereich hat die Aufgabe, die permanente Kontrolle und Bewertung durchzuführen sowie die perspektivische und prognostische Weiterentwicklung der Qualitätsarbeit zu sichern. Es wurde damit erstmalig ein Organ mit der Bemusterung und Dokumentation der Lagerstätte, der Durchführung von Erzvorratsberechnungen und Mitarbeit an Produktionsplänen, der Qualitätskontrolle und -bewertung bis zur Übergabe der Erze an die weiterverarbeitende Industrie beauftragt. Diese Regelung war für die Entwicklung einer komplexen Qualitätsbewertung von entscheidender Bedeutung und dürfte auch weiterhin zu einer schnellen Entwicklung beitragen.

Zusammenfassung

Aufbauend auf der Darstellung der Lagerstättenverhältnisse und der Gewinnung des Kupferschiefers werden einige Probleme der rationellen Lagerstättennutzung umrissen und an wechselseitigen Beziehungen zwischen Gebirgsmechanik, Technologie und Geologie erläutert.

Die festgestellten Gesetzmäßigkeiten sollten der Anlaß für einen Erfahrungsaustausch aller in vergleichbaren Lagerstätten beschäftigten Fachkollegen sein.

Резюме

На основе изложения условий месторождений и добычи медистого сланца обрисовываются и разъясняются некоторые проблемы рационального использования месторождений на взаимоотношении между горной механикой, технологией и геологией.

Установленные закономерности должны явиться поводом для обмена опытом всех специалистов, занимающихся подобными месторождениями.

Summary

A description of the deposit conditions and extraction of copper schist is followed by an outline of some problems connected with a rational exploitation of deposits and an explanation of mutual relations existing between rock mechanics, technology, and geology.

The regularities which were found should give rise to an exchange of experiences by all colleagues working in comparable deposits.

Literatur

EISENHUTH, K. H., & E. KAUTZSCH: Handbuch für den Kupferschieferbergbau. – Leipzig 1954.

FREESE, C.: Gewinnungsverluste und Erzverdünnung beim Strebabbau im Kupferschieferbergbau. – Mitt. KdT VEB Mansfeld-Kombinat „Wilhelm Pieck", 4, 4–14, Eisleben 1966.

FREESE, C., & W. JUNG: Über die Rotfärbung der Basalschichten des Zechsteins (Rote Fäule) und ihre Beziehungen zum Nebengestein im südöstlichen Harzvorland. – Freiberger Forsch.-H., C 193, S. 9–23, Leipzig 1965.

FREESE, C., W. JUNG & G. MEYER: Zu einem Lagerstättenplanungsmodell im Kupferschieferbergbau. – Z. angew. Geol., 15, 10, 512–523, Berlin 1969.

JANKOWSKI, G., & W. JUNG: Zum Zechsteinkalk (Ca1) im Bereich der Sangerhäuser und Mansfelder Mulde. – Geologie, 11, 8, 943–953, Berlin 1962.

JUNG, W.: Zum subsalinaren Schollenbau im südöstlichen Harzvorland. Mit einigen Gedanken zur Äquidistanz von Schwächezonen. – Geologie, 14, 3, 254–271, Berlin 1965.

KNITZSCHKE, G.: Zur Erzmineralisation, Petrographie, Hauptmetall- und Spurenelementführung des Kupferschiefers im SE-Harzvorland. – Freiberger Forsch.-H., C 207, Leipzig 1966.

KRIEBEL, U.: Das Grauliegende und die Zechstein-Basissedimente im südöstlichen Harzvorland. – Geologie, 16, 4, 414–424, Berlin 1967.

Abschlußbericht der Sozialistischen Arbeitsgemeinschaft „Verlustarmer Abbau". – Unveröff., Betriebsdirektion Bergbau des VEB Mansfeld-Kombinat „Wilhelm Pieck", Niederröblingen 1963.

Zur Übereinstimmung der makroskopischen Bemusterung rolliger Sedimente mit siebanalytischen Ergebnissen

Ein Beitrag zur Erkundung von Braunkohlenlagerstätten aus dem VEB Braunkohlenbohrungen und Schachtbau Welzow

DIETMAR WINKLER & WOLFRAM KÖBBEL, Welzow (Niederlausitz)

1. Problemstellung

Bei der Erkundung der Braunkohlenlagerstätte Bärwalde gemäß geologischer Aufgabenstellung (1) durch den Generalauftragnehmer (VEB Braunkohlenbohrungen und Schachtbau Welzow) standen die geologischen Bearbeiter entsprechend ihrer juristischen Verantwortlichkeit im Sinne der ZVK-Mitteilung vom 28. 1. 1965 (2) vor der Frage, inwieweit die feldgeologischen Primärdaten bei rolligen Sedimenten repräsentativ sind und mit siebanalytischen Ergebnissen übereinstimmen. Bereits bei ersten überschläglichen Gegenüberstellungen zeigten sich Differenzen zwischen makroskopischem Befund und dem Ergebnis der Siebanalyse in der Hauptkomponente. Dies gab Veranlassung zu den folgenden Überlegungen, die anhand von 1318 Proben, einer statistisch durchaus ausreichenden Anzahl, angestellt wurden.

2. Methodik der Erkundung und Klassifikation

Neben Rotaryspül- und -kernbohrungen wurde im Kohlenfeld Bärwalde eine größere Anzahl von Trockenbohrungen niedergebracht. Letztere Bohrart lieferte das erforderliche Material zur Beurteilung der Deckgebirgs- und Liegendschichten des Lausitzer Unterflözes in lithologischer Hinsicht.

Eingang des Manuskripts in der Redaktion: 8. 12. 1969.

Gemäß Richtlinie für die Durchführung von Erkundungsarbeiten auf Braunkohle (Erkundungsrichtlinie) vom 28. 2. 1964 (3) sowie der Anweisung 17/65 (4) und der Ergänzung der Weisung 17/65 (5) der VVB Braunkohle Cottbus wurden aus sämtlichen Trockenbohrungen mit hydrologischer Zielstellung Proben für siebanalytische Zwecke entnommen. Entsprechend geologischer Aufgabenstellung (1) erfolgte die Probenahme im 2-m-Intervall. Bei makroskopisch erkennbarem Wechsel der Kornzusammensetzung bzw. bei geringmächtigen Schichten wurde eine neue Probe entnommen.

Die geologische Feldaufnahme und Beprobung der Schichten oblagen ausschließlich qualifizierten geologischen Bearbeitern.

Tabelle 1

Steine	> 63,0 mm ⌀	
Grobkies	20,0 – 63,0 mm ⌀	
Mittelkies	6,3 – 20,0 mm ⌀	In die Betrachtung einbezogene Fraktionen
Feinkies	2,0 – 6,3 mm ⌀	
Grobsand	0,63 – 2,0 mm ⌀	
Mittelsand	0,2 – 0,63 mm ⌀	
Feinsand	0,063 – 0,2 mm ⌀	
Schluff	0,02 – 0,063 mm ⌀	

Tabelle 2. Liste der Aktivitäten

Nr. der Aktivität	Bezeichnung der Aktivität	Einflüsse
	Start	Bedingung: anstehendes Gebirge
1	Bohrvorgang	Entmischung, Überbohren geringmächtiger Schichten und Schichtgrenzen, Grundwasseranteile im Bohrgut
2	Entleeren des Ventiles	Sondierung nach der Wichte, Schluffanteile gehen z. T. verloren
3	Dekantieren des Wassers, Durchmischung und Auslegen des Bohrguts	Verringerung der Ton- und Schluffanteile, keine Wiederherstellung der primären Kornzusammensetzung
4	Bemusterung der Probe	individueller Fehler, Täuschungen durch Glanz, Wichte, Konsistenz u. ä.
5	Entnahme des Probengutes zur Siebung	Entmischung der Haufwerksprobe
6	Versand an Labor, Viertelung, Trocknung	Entmischung
7	Viertelung auf die entsprechende Siebmenge	Entmischung
8	Siebung (Trennung der Fraktionen)	Verluste bei kleineren Fraktionen
9	Wägung, Umrechnung auf Summenprozent	geringe Verfälschung (bleibt hier unberücksichtigt)

Als Grundlage für die Bemusterung rolliger Lockersedimente dienten die TGL 4022 (6) sowie die Erkundungsrichtlinie (3). Nach TGL 4022 werden Lockergesteine, wie in Tab. 1 angeführt, eingeteilt.

Laut Erkundungsrichtlinie (3) erfolgt die Einteilung der Lockersedimente in Haupt- und Nebenbestandteile sowie in Beimengungen nach folgenden Prinzipien:

„Eine Gebirgsschicht wird nach der anteilmäßig am stärksten vertretenen Kornfraktion (Hauptbestandteil) benannt. Als Nebenbestandteil werden alle übrigen Kornfraktionen bezeichnet und folgendermaßen gekennzeichnet:

Nebenbestandteil etwa zwischen 100% und 50% des Hauptbestandteils:

adjektivisch, z. B. „feinsandig".

Nebenbestandteil etwa zwischen 50% und 10% des Hauptbestandteils:

adjektivisch mit dem Zusatz „schwach", z. B. „schwach feinsandig".

Nebenbestandteil etwa unter 10% des Hauptbestandteils:

Bezeichnung „vereinzelt" oder „Spur" verwenden, z. B. „vereinzelt Feinsande" oder „Kohlespuren".

3. Bohrprozeß und Ablauf der Bemusterung und Siebung des rolligen Bohrguts

In Abb. 1 und in der Tab. 2 ist der gesamte Arbeitsgang in Aktivitäten aufgeteilt. Diese Aktivitäten und die sie begleitenden Beeinflussungen des Bohrguts sollen im folgenden näher erläutert werden, um daraus die Ursachen für die eingangs genannten Differenzen zwischen Makrobefund und Siebung ableiten zu können.

Aktivität Nr. 1: Das Abteufen einer Trockenbohrung in wasserführenden Schichten und die Gewinnung des Bohrguts erfolgen mit Hilfe der sogenannten Ventilbüchse. Hierbei handelt es sich um einen ca. 2—3 m langen Hohlzylinder aus Stahl, welcher am unteren Ende mit einer Ventilklappe versehen ist. Diese ermöglicht das Eindringen des Sedimentmaterials bei der Bewegung nach unten. Beim Anheben der Ventilbüchse, die sich an einem Seil befindet, schließt sich die Klappe und verhindert somit ein Austreten des gewonnenen Bohrguts. Durch dauernden Wechsel von Ab- und Aufwärtsbewegung des Ventils erfolgen der Bohrfortschritt und gleichzeitig die Füllung der Ventilbüchse mit Sedimentmaterial.

Da das Bohrgut in Form eines Sand-Wasser-Gemisches vorliegt, finden während des Bohrvorgangs Klassierungserscheinungen statt. Die schwersten und größten Komponenten sammeln sich im unteren Teil des Ventils. Nach oben erfolgt eine Abnahme der Korngröße, wobei Schluff- und Tonteilchen oben aus der Ventilbüchse austreten und zusammen mit dem Grundwasser die Bohrtrübe bilden. Gegenüber dem anstehenden Sedimentmaterial weist dieses Bohrgut einen niedrigeren Schluff- und Tongehalt auf. Andererseits kann bei einem primär schluffarmen Sand eine Erhöhung des Schluffanteils durch Aufnahme des in der Bohrtrübe vorhandenen Schluffs erfolgen.

Bei Verwendung des Ventils ist es nicht zu verhindern, daß Schichtgrenzen und geringmächtige Schichten überbohrt werden. Die Folge davon ist die Bildung einer vollkommen neuen, von den beiden Ausgangsschichten abweichenden Kornzusammensetzung. Durch mechanische Beanspruchung und die Wirkung des Wassers können geringmächtige Schluffschmitzen im

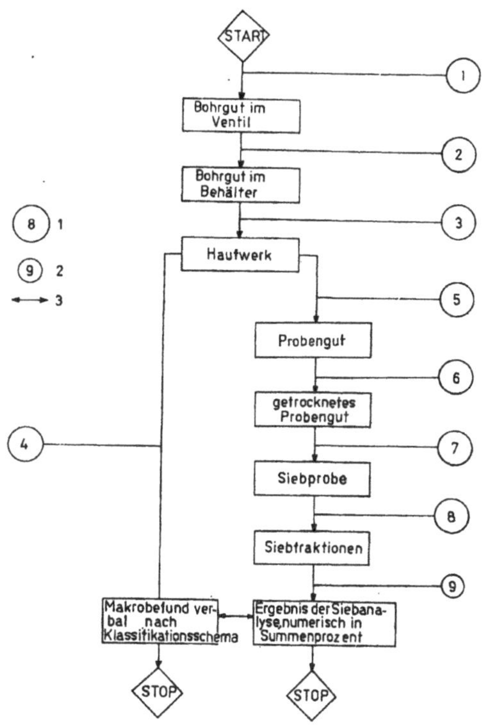

Abb. 1. Aufteilung der Arbeitsgänge vom Bohren bis zur Anfertigung der Siebanalyse in Aktivitäten

1 — Aktivität mit verfälschendem Charakter, 2 — Aktivität ohne verfälschenden Charakter, 3 — Verlauf des Vergleichs

Ventil zerfallen und einen wesentlich höheren Schluffanteil des Sandes optisch vortäuschen.

Es kann zusammenfassend gesagt werden, daß sich im Ventil nur in den seltensten Fällen ein repräsentatives Bohrgut befindet. Sowohl die Schichtenansprache im Bohrfeld als auch die Siebkurve müssen aus diesem Grunde von der Kornverteilung des anstehenden Lockersediments gleichermaßen abweichen.

Aktivität Nr. 2: Während der Bohrarbeiten im Kohlenfeld Bärwalde 1967/68 erfolgte das Entleeren des Ventils in einen Behälter. Hierbei findet ebenfalls eine Sondierung des Korngemisches nach der Wichte statt. Diese Klassierung ist jedoch von geringer Wirkung. Bei Ventilen mit großen Volumina gehen Schluffanteile durch Überlaufen des Behälters verloren.

Aktivität Nr. 3: Das Sand-Wasser-Gemisch erfuhr für die Dauer von ca. 10 Minuten eine Setzung, anschließend wurde das überstehende Wasser dekantiert. Da für die vollständige Setzung der Feinstkornanteile mehrere Stunden notwendig sind, erfolgt in jedem Falle eine Verringerung der Schluff- und Tonpartikel durch das Dekantieren des Wassers. Es ist nicht möglich — vor allem bei Vorhandensein mehrerer Fraktionen —, durch das Mischen des Bohrguts eine repräsentative Haufwerksprobe zusammenzustellen. Wie bereits MIELCAREK (7) ausführte, sind bei dieser Aktivität subjektive Fehlermöglichkeiten gegeben.

Aktivität Nr. 4: Bei der Bemusterung des Bohrguts gibt es zwei Fehlermöglichkeiten: 1. subjektive und 2. objektive Möglichkeiten einer den tatsächlichen Verhältnissen nicht entsprechenden Schichtenansprache. Subjektive oder individuelle Fehler lassen sich nie ganz ausschalten, auch bei Verwendung von Korngrößenbestimmern. Bei der ständigen Benutzung eines Korngrößenbestimmers lassen sich individuelle Fehler jedoch auf ein Mindestmaß reduzieren. Objektive Fehler einer makroskopischen Schichtenansprache rolliger Lockersedimente können verschiedene Ursachen haben. Es

Tabelle 3

Pleistozän

Fraktion	Anteil an Gesamtzahl (%)	zwei Fraktionen zu niedrig	zwei Fraktionen zu hoch	eine Fraktion zu niedrig	eine Fraktion zu hoch	richtig	adjektivisch richtig	Gesamtzahl	richtig (%)	adjektivisch richtig (%)	richtig und adjektivisch richtig (%)
MK	2	3		4		3	5	10	30	50	80
FK	7	1		14	1	37	13	53	70	25	95
GS	23	1	1	15	55	92	36	164	57	22	79
MS	66	2	3	12	107	358	55	482	74	11	86
FS	2		2		11	5	6	18	28	33	61
Summe:	100	7	6	45	174	495	115	727	68	16	84

Tertiär

Fraktion	Anteil an Gesamtzahl (%)	zwei Fraktionen zu niedrig	zwei Fraktionen zu hoch	eine Fraktion zu niedrig	eine Fraktion zu hoch	richtig	adjektivisch richtig	Gesamtzahl	richtig (%)	adjektivisch richtig (%)	richtig und adjektivisch richtig (%)
FK	1					2		2	100		100
GS	2				1	13	1	14	93	7	100
MS	13			51	4	21	22	76	28	29	57
FS	84				15	484	15	499	97	3	100
Summe:	100			51	20	520	38	591	88	6	94

Tertiär und Pleistozän

Fraktion	Anteil an Gesamtzahl (%)	zwei Fraktionen zu niedrig	zwei Fraktionen zu hoch	eine Fraktion zu niedrig	eine Fraktion zu hoch	richtig	adjektivisch richtig	Gesamtzahl	richtig (%)	adjektivisch richtig (%)	richtig und adjektivisch richtig (%)
MK	1	3		4		3	5	10	30	50	80
FK	4	1		14	1	39	13	55	71	24	95
GS	14	1	1	15	56	105	37	178	59	21	80
MS	42	2	3	63	111	379	77	558	68	14	82
FS	39		2		26	489	21	517	95	4	99
Summe:	100	7	6	96	194	1015	153	1318	77	12	89

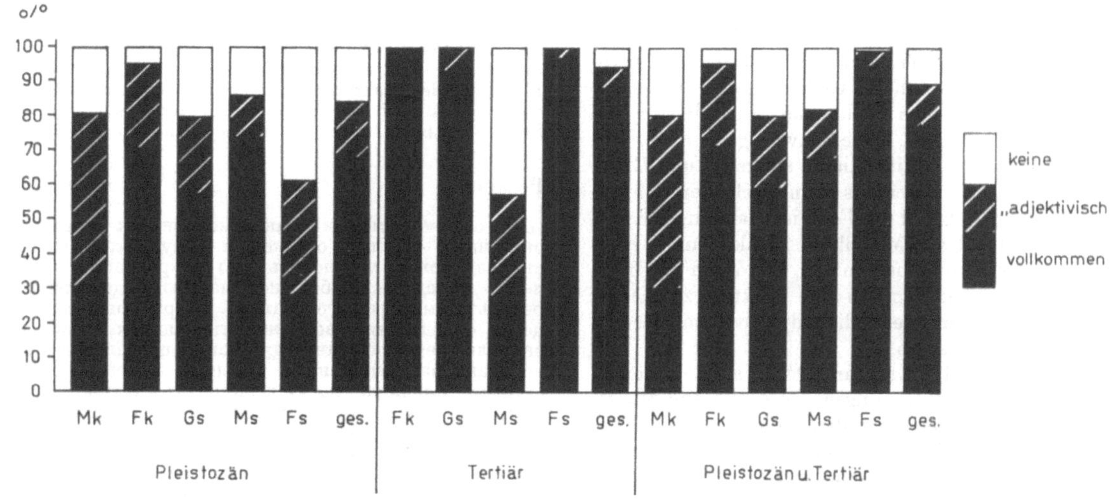

Abb. 2. Grad der Übereinstimmung zwischen makroskopischer Bemusterung und dem Ergebnis der Siebanalyse
1 – keine, 2 – „adjektivisch", 3 – vollkommen

sind durch Glanz und Farbe der einzelnen Komponenten sowie durch unterschiedliche Lichtverhältnisse zu verschiedenen Tages- und Jahreszeiten optische Täuschungen möglich.

Bei der Bemusterung im Bohrfeld werden längliche Körner zum überwiegenden Teil den größeren Fraktionen zugerechnet, während sie im Ergebnis der Siebung der kleineren Kornklasse angehören.

Ein anderes Kriterium einer Fehlbeurteilung wasserführender Lockersedimente ist die Wichte. Komponenten, die hinsichtlich ihrer Wichte wesentlich von den am stärksten vertretenen Materialien abweichen, können eine Siebkurve beeinflussen, wenn sie in größeren Mengen vorliegen. Entscheidend für eine makroskopische Bemusterung ist auch die Konsistenz des ausgelegten Bohrguts. Bei wasserführendem und nassem Material wird im allgemeinen der Feinstkornanteil unterschätzt.

Die Möglichkeit einer Fehlbeurteilung ist um so größer, je mehr Fraktionen am Aufbau einer Schicht beteiligt sind. Aus diesem Grunde ist auch die Übereinstimmung der makroskopischen Bemusterung mit den Ergebnissen der Siebanalyse bei tertiären Schichten im Untersuchungsgebiet besser als bei pleistozänen (siehe Tab. 3).

Aktivität Nr. 5: Die Entnahme des Probengutes für die Siebanalyse aus den ausgelegten Haufwerksproben erfolgte entsprechend den Forderungen der Erkundungsrichtlinie (3) durch das sogenannte Vierteln. Vor allem bei Vorhandensein grober Komponenten tritt eine Entmischung ein. Das durch das Vierteln gewonnene Probengut weicht in den meisten Fällen korngrößengemäß von dem ausgelegten Haufwerksgut ab, welches makroskopisch bemustert worden ist. Es steht also für die Beurteilung im Bohrfeld wesentlich mehr Material zur Verfügung als für die Anfertigung der Siebanalyse. Diese Tatsache muß als ein Vorteil der makroskopischen Bemusterung gegenüber der Laboruntersuchung betrachtet werden.

Aktivität Nr. 6: Bei dem Versand der Siebproben an das Labor tritt keine Beeinflussung auf. Vor der Trocknung erfolgt nochmals eine Viertelung, die ebenfalls wieder durch eine Veränderung der Kornzusammensetzung gekennzeichnet ist. Die Trocknung selbst bewirkt keine Entmischung des Sedimentmaterials.

Aktivität Nr. 7: Das vorgetrocknete Probengut wird im Labor durch Viertelung auf die entsprechende Siebmenge reduziert. Es treten die gleichen Beeinflussungen auf, wie sie bei der Aktivität Nr. 5 beschrieben sind.

Aktivität Nr. 8: Als nächster Arbeitsgang schließt sich die Siebung an. Hierbei sind mehrere Fehlermöglichkeiten gegeben. Zuerst seien die Siebverluste erwähnt, die vor allem bei den feinsten Fraktionen auftreten. Es ist nicht möglich, Siebverluste vollkommen auszuschalten. Wie bereits aufgezeigt, hat die Kornform eine große Bedeutung (siehe Aktivität Nr. 4). Die ideale Form der Komponenten ist die Kugel. Weiter müssen Toleranzen der Maschenweiten angeführt werden. Geringe Verkleinerungen oder Vergrößerungen der vorgeschriebenen Maschenweite aller Maschen können den Verlauf der Kornverteilungskurve entscheidend beeinflussen.

Von Bedeutung für die Siebkurve (speziell von glimmerhaltigen Sanden) sind einerseits die Oberflächenbeschaffenheit der einzelnen Komponenten, die durch elektrostatische Aufladungen während des Siebvorgangs eine Zusammenballung der kleinen Fraktionen hervorruft, andererseits die Beschaffenheit des Siebgewebes, die Siebdauer und die Frequenz der Siebbewegung.

Aktivität Nr. 9: Bei der Wägung können geringe Verfälschungen (z. B. durch Ungenauigkeit der Waagen) auftreten, die hier jedoch nicht berücksichtigt werden.

4. Ergebnisse des Vergleiches Makrobefund zu Siebanalyse

Mittelkies: Mittelkies ist nur in der pleistozänen Abfolge angetroffen worden. Die Gesamtzahl von 10 Schichten, von denen 30% nach dem makroskopischen Befund richtig und 50% adjektivisch richtig eingestuft wurden, ist für eine statistisch gesicherte Aussage zu gering.

Feinkies: Von den 55 Feinkiesproben sind 53 pleistozäner Herkunft. Die Zahl 55 ist hoch genug, repräsentative Aussagen machen zu können. Es stellt für den geologischen Bearbeiter keine Schwierigkeit dar, Feinkieskomponenten von Mittelkiesen einerseits und Grobsandkomponenten andererseits zu unterscheiden. Schwierig ist jedoch, den Anteil des Feinkieses an einem Korngemisch bestehend aus Mittelkies, Feinkies und Grobsand makroskopisch zu bestimmen. In 14 von 55 Fällen wurde ein derartiges Gemisch eine Fraktion zu niedrig eingestuft, wobei meistens die adjektivische Bestimmung richtig war (s. Tab. 3).

Grobsand: Die 178 Grobsandproben entstammen zu 92% pleistozänen Ablagerungen. Grobsand und Mittelsand sind die Fraktionen, bei denen die größten Fehlermöglichkeiten bestehen, sie können sowohl in die jeweils kleinere als auch in die jeweils größere Kornfraktion eingestuft werden.

Bei Feinsand z. B. ist nur eine Einstufung in die größere Fraktion möglich, die Fehlermöglichkeit also geringer. Aus diesem Grunde ist die Übereinstimmung zwischen makroskopischem Befund und den Ergebnissen der Siebanalyse bei Mittel- und Grobsand geringer als bei Feinsand und Feinkies (s. Tab. 3).

Mittelsand: Der Mittelsand ist die Fraktion, die am häufigsten vertreten ist. 86% aller Mittelsandproben wurden aus pleistozänen Schichten entnommen. Bei tertiären Mittelsanden ist zwischen makroskopischer Bemusterung und dem Siebergebnis nur eine Übereinstimmung von 28% vorhanden. Die verbleibenden 72% Abweichung sind in den meisten Fällen auf Einstufungen in die Feinsandfraktion zurückzuführen.

Feinsand: 97% aller Feinsandproben stammen aus tertiären Ablagerungen. Die Feinsande bilden am Aufbau der Folge rolliger tertiärer Lockersedimente 84% und wurden makroskopisch zu 97% als Feinsand erkannt. Bei den pleistozänen Feinsanden ist eine Übereinstimmung zwischen Feldbemusterung und Siebergebnis von nur 28% vorhanden. Die Unterscheidung von Feinsand und Schluff stellt keine Schwierigkeit dar. In keinem Falle mußte Feinsand auf Grund der Siebkurve dem Schluff zugerechnet werden.

Zusammenfassung

Auf Grund von Vergleichen zwischen dem makroskopischen Befund rolliger Lockersedimente und den Ergebnissen der Siebanalyse kann festgestellt werden, daß die makroskopische Feldansprache zum überwiegenden Teil durch die Ergebnisse der Siebanalyse bestätigt wird. Die im Bemusterungsablauf eintretenden Verfälschungsmöglichkeiten erfassen anfangs das Bohrgut für Makrobefund und Siebung gleichermaßen. Unterschiede können erst bei der weiteren Aufbereitung des Siebguts einerseits sowie durch subjektive Grenzen einer verbalen Klassifikation andererseits entstehen. Die durchgeführten Vergleiche zeigen, daß diese Unterschiede für die praktischen Belange der Braunkohlenerkundung geringfügig sind. Die petrographisch-lithologische Einstufung rolliger Sedimente durch die makroskopische Ansprache ist somit für den ausgewerteten Erkundungsfall als ausreichend anzusehen. Eine zusätzliche Kontrolle des Makrobefunds durch die Siebanalyse wäre demnach lediglich bei pleistozänen heterogenen Kiessanden sowie u. U. bei tertiären Mittelsanden zu empfehlen.

Резюме

На основе сравнений макроскопических определений окатанных рыхлых осадков и результатов ситового анализа можно установить, что макроскопические полевые определения большей частью подтверждаются результатами ситового анализа. Встречающиеся в процессе определения возможности ошибок охватывают вначале предназначенные для макроопределений и ситового анализа вынесенные бурением породы в равной степени. Различия могут возникать, с одной стороны, при дальнейшей подготовке ситового материала и, с другой стороны, в результате субъективных границ устной классификации. Проведенные сравнения показывают, что эти различия для практических целей буроугольной разведки незначительны. Литолого-петрографическую классификацию окатанных осадков в результате макроскопического определения можно считать таким образом удовлетворительной для разобранного случая разведки. Дополнительный контроль макроопределения ситовым анализом можно было бы рекомендовать поэтому лишь в случае плейстоценовых гетерогенных грубозернистых песков, а также иногда для третичных среднезернистых песков.

Summary

From comparisons between the macroscopic state of cohesionless loose sediments and results of screen analysis can be stated that macroscopic sampling is to an overwhelming part confirmed by these results. In the beginning possibilities of falsification occurring during the process of sampling refer to the material drilled for both the macroscopic state and screening. Differences may only arise when dressing further the material to be screened on the one hand, and as a result of subjective limits of a verbal classification on the other. From the comparisons results that these differences are practically negligible for the exploration of brown coals. Thus the petrographical-lithological classification of cohesionless sediments by their macroscopic investigation must be regarded to be sufficient for the case of exploration evaluated. An additional control by screen analysis should only be recommended for Pleistocene heterogeneous gravelly sands and, perhaps, for Tertiary medium sands.

Literatur

(1) Aufgabenstellung Teil 1 Erkundungsbohrungen 1967, Kohlenfeld Bärwalde.

(2) Über die Verantwortlichkeit der Erkundungsgeologen für die den Vorratsberechnungen zugrunde liegenden geologischen Dokumente. – Mitteilung der ZVK vom 28. 1. 1965, Z. angew. Geol., 11, 3, Berlin 1965.

(3) Richtlinie für die Durchführung von Erkundungsarbeiten auf Braunkohle (Erkundungsrichtlinie) vom 28. 2. 1964.

(4) Weisung Nr. 17/65 des Generaldirektors der VVB Braunkohle Cottbus zur Erhöhung der Wissenschaftlichkeit in der Entwässerung, Senftenberg 30. 8. 1965.

(5) Ergänzung der Weisung 17/65, Senftenberg 2. 2. 1966.

(6) TGL 4022.

(7) MIELCAREK, W.: Stand und Entwicklungstendenzen beim Niederbringen von Braunkohlenerkundungsbohrungen unter besonderer Berücksichtigung der Verbesserung des Bohrgutaustrages und der Probenahme. – Beiträge zur Bohrtechnik, 18, Leipzig 1967.

Eine spektrochemische Schnellmethode zur Bestimmung von Spurenelementen in Gesteins- und Bodenproben für die geochemische Prospektion

CHRISTIANA CZERWINSKI, Freiberg

(Mitteilung Nr. 299 des VEB Geologische Forschung und Erkundung Halle)

Im Rahmen der Zinnprognose stand die Aufgabe, in einer großen Anzahl Boden- und granitähnlicher Gesteinsproben die Elemente Sn, Li, Bi, Mo, W und As halbquantitativ schnell und billig zu bestimmen. Die geologischen Bearbeiter forderten gute Empfindlichkeit; eine Reproduzierbarkeit von 20 bis 40 Rel.-% wurde als ausreichend angesehen. Die Methode sollte mit der zur Verfügung stehenden apparativen Ausrüstung unseres Labors durchgeführt werden, um sofort mit den Arbeiten beginnen zu können. Nachstehende emissionsspektrochemische Methode wird den gestellten Forderungen gerecht. Mit ihr sind von 1966 bis 1968 ca. 40000 Proben für die Zinnprognose analysiert worden.

Arbeitsvorschrift

1. Geräte und Material

Spektrograph PGS 2
Funkenstativ FS 7
Anregungsgerät ABR 3
Spektrenprojektor
Schnellfotometer II
Spektralplatten ORWO blau extra hart
Graphitelektroden T 3 der Firma VEB Elektrokohle Lichtenberg

2. Probenvorbereitung

Molybdän- und wolframfreie Zerkleinerung der Proben auf < 0,063 mm.

3. Eichung

Die Matrix der Eichsubstanz besteht aus 8 Teilen Quarz und 5 Teilen Plagioklas. Folgende Chemikalien wurden zugemischt:

SnO_2 Li_2CO_3 MoO_3 $(BiO)_2CO_3 \cdot 1/2\ H_2O$ WO_3 As_2O_3

Der Bestimmungsbereich der einzelnen Elemente ist aus Tab. 1 ersichtlich.

4. Aufnahme

Von 20% der Proben werden zwei Spektren aufgenommen.

Tab. 1

Element	Reproduzierbarkeit	Bestimmungsbereich
Sn	18%	10 – 3000 g/t
Li	24%	100 – 3000 g/t
Bi	20%	3 – 1000 g/t
Mo	33%	3 – 1000 g/t
W	24%	100 – 3000 g/t
As	15%	300 – 3000 g/t

Eingang des Manuskripts in der Redaktion: 13. 5. 1970.

4.1. Anregung

Wechselstromdauerbogen 220 V, 8 A
Zündung hochfrequent
Elektrodenabstand 3 mm
Elektrodenform
Trägerelektrode — Form 112
Gegenelektrode — Form 106

4.2. Optik

Dreilinsige Spaltbeleuchtungsoptik mit Zwischenabbildung (Zwischenblende 3,2 mm), Spalthöhe: 1 mm

4.3. Entwicklung

Rodinal 1:20	5 Min.
Fixierbad 1:8	10 Min.
Unterbrecherbad	0,5 Min.
Wässern	30 Min.

5. Auswertung

Die Auswertung erfolgt leitprobengebunden.
Analysenlinien

Sn	317,5 nm	Mo	317,0 nm
Li	323,2 nm	W	294,6 nm
Bi	306,7 nm	As	286,0 nm

Die Schwärzungen werden mit der P-Skala gemessen.

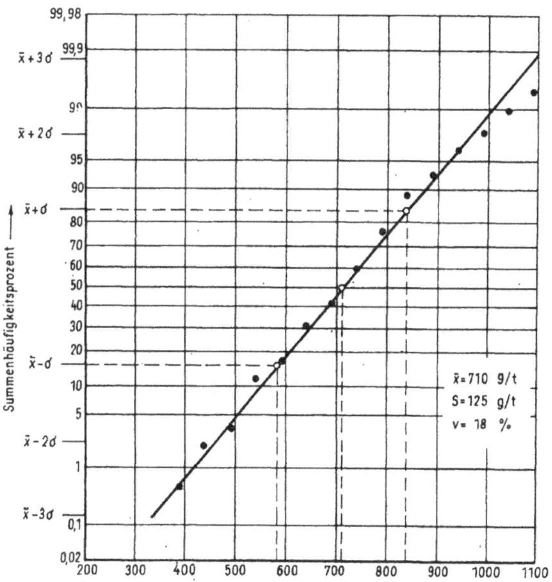

Abb. 1. Graphische Ermittlung der Reproduzierbarkeit (s)

Tab. 2. Summenhäufigkeit S_i(%) für Zinn bei 200 Meßwerten

x_i	n_i	h_i	S_i
350–390	1	0,5	0,5
400–440	3	1,5	2,0
450–490	3	1,5	3,5
500–540	17	8,5	12,0
550–590	9	4,5	16,0
600–640	30	15,0	31,5
650–690	22	11,0	42,5
700–740	34	17,0	59,5
750–790	35	17,5	77,0
800–840	24	12,0	89,0
850–890	8	4,0	93,0
900–940	7	3,5	96,5
950–990	3	1,5	98,0
1000–1040	2	1,0	99,0
1050–1090	1	0,5	99,5
1100–1140	1	0,5	100,0

x_i = Klassenbreite g/t
n_i = Anzahl der Meßwerte im Bereich der i-ten Klasse
h_i = Häufigkeit der i-ten Klasse in %

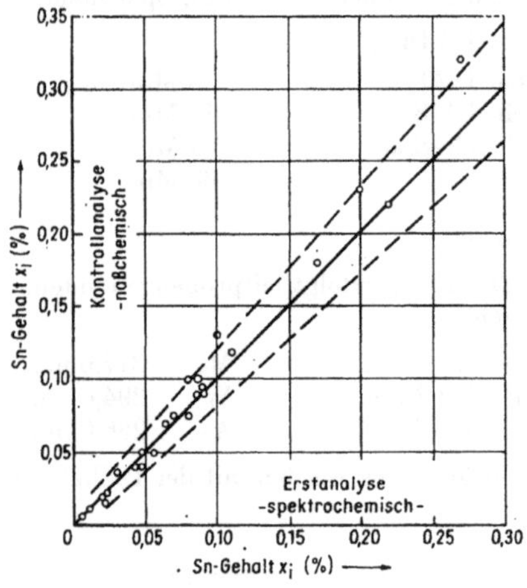

Abb. 2. Graphische Prüfung auf systematische Fehler für Sn

6. Arbeitsaufwand

Bei einschichtiger Auslastung des Spektrographen können zwei Laboranten täglich 50 Proben analysieren.

7. Reproduzierbarkeit und Richtigkeit

Die Reproduzierbarkeit der Methode wurde aus Mehrfachaufnahmen (200) einer Testprobe ermittelt. Eine rechnerische Ermittlung der Daten ohne entsprechende maschinelle Hilfsmittel ist sehr aufwendig. Wir haben sie durch graphische Auswertung mit Hilfe des Wahrscheinlichkeitsnetzes erhalten (siehe Tab. 2, Abb. 1).

Zur Überprüfung der Richtigkeit der Ergebnisse standen nur für die Elemente Sn und Li brauchbare Ergebnisse aus anderen Laboratorien zur Verfügung, so daß über die restlichen Elemente nichts ausgesagt werden kann. Die Analyse des Standardgesteins GM vom Zentralen Geologischen Institut, Berlin, brachte für Sn, Li und Mo die Aussage, daß größenordnungsmäßig die ermittelten Gehalte stimmen (siehe Tab. 3).

Die äußere Kontrolle der Zinngehalte wurde in den Betriebslaboratorien des VEB Berg- und Hüttenkombinat „Albert Funk" und des VEB Vogtlandgruben Lengefeld(Vogtland) durchgeführt. Insgesamt wurden 25 Gesteinsproben von drei Laboratorien analysiert. Da die naßchemischen Werte der einzelnen obengenannten Laboratorien keine systematischen Fehler aufweisen, wurde der daraus gebildete Mittelwert als der richtigste Wert den spektrochemisch bestimmten gegenübergestellt. Die Bewertung des Verfahrens wurde nach den Richtlinien der ZVK für die äußere Kontrolle chemischer Analysen vorgenommen. Die graphische Analyse in Abb. 2 zeigt, daß das Bestimmungsintervall in zwei Bereiche geteilt werden muß.

I. 0,01 bis 0,1% Sn

$$N = 18 \qquad m' = 12$$
$$m = 8 \qquad n' = 6$$
$$n = 5$$
$$o = 5 \qquad t = \frac{2\,m' - N}{N} = 1{,}42$$

Der vorhandene Fehler ist zufällig, da $t < 1{,}65$ ist.

II. 0,1 bis 0,3% Sn

In diesem Bereich liegt vermutlich ein systematischer Fehler vor. Die vorhandenen fünf Proben reichen für eine statistische Prüfung nicht aus, so daß die Anzahl der Analysen erhöht werden muß.

Für eine Einschätzung der spektrochemischen Li-Bestimmung stehen 33 Werte aus dem chemischen Labor des Betriebsteils Freiberg zur Verfügung. Im Bereich von 0,01 bis 0,1% Li liegt kein systematischer Fehler vor ($t = 1{,}06$).

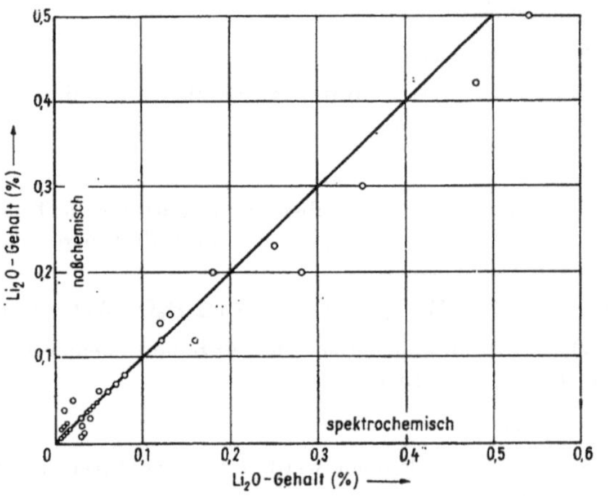

Abb. 3. Graphische Prüfung auf systematische Fehler für Li

Tab. 3

Element	Empfohlener Wert[1]	Nach beschriebener Methode erhalten
Sn	5 g/t	< 10 g/t
Li	65 g/t	< 100 g/t
Mo	1 g/t	< 3 g/t

[1]) SCHINDLER (1968).

Von 0,11 bis 0,3% Li ergibt sich eine systematische positive Abweichung, d. h., die spektrochemisch bestimmten Li-Gehalte sind in diesem Bereich um ca. 12% zu hoch (Abb. 3).

Zusammenfassung

Es wird eine Arbeitsvorschrift für die halbquantitative Bestimmung von Spurenelementen (Sn, Li, Bi, Mo, W, As) in Gesteins- und Bodenproben mitgeteilt. Es handelt sich um eine Schnellmethode, mit der eine große Anzahl Proben für die geochemische Prospektion in kurzer Zeit analysiert werden kann. Es werden Angaben zur Reproduzierbarkeit und Richtigkeit der analysierten Elemente gemacht.

Резюме

Сообщается инструкция для полуколичественного определения редких элементов (Sn, Li, Bi, Mo, W, As) в образцах пород и почв. Это скорый метод, при помощи которого за короткий срок может быть анализировано большое число образцов для геохимических поисков. Даются сведения относительно воспроизводимости и правильности анализированных элементов.

Summary

A working instruction is given for the semi-quantitative determination of trace elements (Sn, Li, Bi, Mo, W, As) in rock and soil samples. The method in question is a rapid one, by which a great number of samples can be analysed for geochemical prospecting within a short time. The reproducibility and correctness of the elements analysed are mentioned.

Literatur

SCHINDLER, R.: Die Standardgesteinsproben des ZGI. Erste zusammenfassende Betrachtung der Spurenelementanalysierung der Standardgesteine des ZGI, Berlin, und ihr Vergleich mit den amerikanischen Gesteinen G-1 und W-1. — Z. angew. Geol., 12, 187—196, Berlin 1966.

— Neue Ergebnisse von Spurenelementbestimmungen verschiedener Laboratorien an den Standardgesteinsproben des ZGI. — Wiss.-techn. Inform.-Dienst zentr. geol. Inst., H. 2, Berlin 1968.

SCHRÖN, W., & W. KLEMM: Erfahrungen mit Standardproben bei der quantitativen spektrochemischen Spurenanalyse. — Z. angew. Geol., 10, 537—541, Berlin 1968.

Die Anwendung der Elemente der strukturmorphologischen Analyse bei der Erkundung komplizierter Ganglagerstätten

P. S. AKINSCHIN, Iultin, UdSSR

Auf dem Territorium des Zentralteils der Halbinsel Tschukotka sind Zinn-Wolfram-Ganglagerstätten weit verbreitet. Viele von ihnen (Iultin, Swetloje, Tenkergin u. a.) liegen in metamorphosierten Sandschiefergesteinen, nahe an den Kontakten mit Granitoidintrusionen der Kreide. Die Quarzgänge dieser Lagerstätten sind an langgestreckte, relativ schmale Zonen von Scherspalten, seltener Bruchspalten gebunden und bilden komplizierte Gangzonen.

Einige Lagerstätten (Iultin) sind in Form mehrerer Gangzonen mit unterschiedlicher Streichrichtung ausgebildet. Der komplizierte Bau der Gangzonen ist durch die Existenz großer Bruchstörungen und durch eine Vielzahl von dicht beieinander liegenden Gängen bedingt, die kulissenartig angeordnet oder unter verschiedenen Streich- und Fallwinkeln miteinander verbunden sind.

Die Erzmineralien — Kassiterit und Wolframit — treten in größeren Mengen nur in den Quarzgängen auf. In der Gangmasse sind sie äußerst ungleichmäßig verteilt. Den Anforderungen der industriellen Konditionen genügen nur einzelne Quarzgänge; eine Zusammenfassung benachbarter Gänge mit Einschluß des zwischen ihnen befindlichen Nebengesteins ist nur in seltenen Fällen ökonomisch zweckmäßig. Deshalb ist — ungeachtet des komplizierten Baues der Gangzonen — bei ihrer Erkundung die richtige Ermittlung der räumlichen Lage und der Grenzen jedes Erzkörpers von ausschlaggebender Bedeutung.

Bei der rißlichen Zulage der Gänge und der Vorratsumgrenzung werden oft Ungenauigkeiten zugelassen, die zu Fehlern bei der Vorratsberechnung und bei der Gesamtbewertung der Lagerstätte führen. Im Ergebnis einer unzureichenden Untersuchung des geologischen Baues der Lagerstätte Iultin und eines formalen Herangehens an die Umgrenzung und die Berechnung der Vorräte ergaben sich falsche Vorstellungen über eine größere Erstreckung der Erzkörper, über eine relativ einfache Form dieser Körper und über günstige grubengeologische Lagerungsbedingungen. Das führte zu Fehlern bei der Berechnung der Vorräte und der zu erwartenden technisch-ökonomischen Abbaukennziffern. Im Jahre 1968 wurden methodische Fehler bei der Anfertigung der geologischen Dokumentation und bei der Vorratsberechnung auch für die Lagerstätte Swetloje zugelassen.

Eine Analyse der Erkundungsmaterialien von einigen anderen Lagerstätten hat gezeigt, daß die Fehler bei der Vorratsberechnung und bei der Durchführung der technisch-ökonomischen Berechnungen in einer Reihe von Fällen nicht nur in der Kompliziertheit des Lagerstättenbaus begründet liegen, sondern auch eine Folge des geringen Untersuchungsgrades der strukturellen und morphologischen Faktoren und einer falschen Interpretation der Erkundungsdaten sind.

Bei einem formalen Herangehen an die rißliche Zulage der Gänge und an die Vorratsumgrenzung entsprechend den Erkundungsergebnissen ergibt sich für den Erzkörper oftmals eine unbegründet große Längenerstreckung, obwohl er in Wirklichkeit aus mehreren kulissenförmig angeordneten Gängen, die durch Neben-

Aus: „Raswedka i ochrana nedr", H. 11, S. 17—23 (1969).
Übers.: K.-H. BINTIG.

gesteinsschichten voneinander getrennt sind und verschiedenes Fallen und Streichen haben, bzw. aus Gangteilen besteht, die durch tektonische Störungen auf große Entfernungen gegeneinander versetzt sind. Fehler entstehen auch bei der Abgrenzung von Feldesteilen, in denen sich die Gänge in verschiedener Richtung aufteilen bzw. vereinigen, oder von subparallelen, nahe beieinander liegenden Gängen.

Bei der Gewinnung gesondert abgegrenzter Erze wurde festgestellt, daß sich ihre Qualität im Vergleich mit den Erkundungsdaten auf Grund einer nichtberücksichtigten Verdünnung der Gangmasse oftmals verringert. Trotz der im Verlauf vieler Jahre erreichten Vervollkommnung der Methodik der Gangabgrenzung und der Abbautechnologie auf der Lagerstätte von Iultin entstand allein durch den erzwungenen Abbau der zwischen den Gängen anstehenden Lagen von taubem Gestein in den Feldesteilen mit einem kulissenartigen Bau der Gänge sowie in anderen eine Verdünnung der Erzmasse von 10—15%.

Manchmal verändern sich die nach den Erkundungsdaten konstruierten Grenzen der Erzkörper bei der Detaillierung völlig, da die Erzkörper in Wirklichkeit in eine Vielzahl von kleinen Gängen zerfallen (Abb. 1). Das führt zu einer Verringerung der Gesamtmenge der berechneten Vorräte, weil bei einer gesonderten Umgrenzung kleiner Gänge und Blöcke zwangsläufig dann auch nichtvererzte und Außerbilanzfelder entstehen, die durch die weitere Erkundung nicht immer ausgeglichen werden können. Gleichzeitig erhöhen sich — im Vergleich mit den projektierten Werten — die Ausgaben für den gesonderten Aufschluß und die Umgrenzung kleiner und komplizierterer Blöcke mittels bergmännischer Auffahrungen.

Mit der Struktur einer Lagerstätte und der Morphologie der Erzgänge sind in der Regel die Gesetzmäßigkeiten der Verbreitung der industriellen Vererzung verbunden. Durch diese geologischen Faktoren wird in starkem Maße die Auswahl der optimalen Methodik der Erkundung und der Vorratsberechnung bestimmt.

Auf die Bedeutung und Notwendigkeit einer umfassenden Untersuchung der Struktur und Morphologie der Lagerstätten im Zusammenhang mit der Methodik ihrer Erkundung weisen viele Geologen hin (SENKOW 1962; OSTROMENSKI, KOSOW & OWTSCHINNIKOW 1966; PROKOFJEW 1962; SMIRNOW 1962). Die Form eines Erzkörpers kann hinreichend vollständig charakterisiert werden bei Vorliegen von Werten über die Häufigkeit und die Richtung seiner Veränderlichkeit. Es ist jedoch nicht möglich, durch den Stetigkeitskoeffizienten allein alle diese Kennwerte auszudrücken. Außerdem ist bei der Erkundung der betrachteten Gangzonen ihre komplizierte räumliche Lagerung von großer Bedeutung.

Verf. hat den Versuch unternommen, auf der Grundlage einer Analyse der geologischen Materialien der drei obengenannten Lagerstätten die mathematischen Kennwerte der einzelnen wichtigsten strukturmorphologischen Faktoren abzuleiten. Als Ausgangsmaterial wurden die geologischen Bemusterungspläne von fünf Horizonten der Lagerstätte Iultin, von zwei untertägigen Horizonten und des Ausstreichenden der Lagerstätte Swetloje sowie des Ausstreichenden der Lagerstätte Tenkergin verwendet. Untersuchungsobjekte waren auf der Lagerstätte Iultin die Gangkörper der Zone „Wasserscheide“ und der südlichen Gruppe sowie die Gangzonen von Swetloje und Tenkergin.

Ausmaße und Form der Erzkörper

Die Ermittlung der Ausmaße der Gänge wurde in allen Gangzonen — mit Ausnahme der nur wenig erkundeten Zone von Tenkergin — durchgeführt. Auf den Bemusterungsplänen wurde die Länge jedes erkundeten Ganges gemessen und der Mittelwert für die Mächtigkeit berechnet. Berücksichtigt wurden dabei nur vollständig durch Auffahrungen nachgewiesene produktive (nach ihrer Mächtigkeit) Gänge. Kleine Trümer bis zu einer Mächtigkeit von 20 cm wurden nicht mit einbezogen. Dabei entspricht der Begriff „Gang“ nicht den bedingt miteinander verbundenen und abgegrenzten Erzkörpern, sondern nur aushaltenden, selbständigen Gängen oder großen Apophysen. Auf diese Weise wurden etwa hundert Gänge in der Zone „Wasserscheide“ und in der südlichen Gruppe sowie mehr als fünfzig Gänge in der Gangzone von Swetloje ausgemessen.

Die Parameter der einzelnen Gänge schwanken in ziemlich weiten Grenzen: Länge im Streichen von 20—350 m (in einzelnen Fällen 520 und 640 m), mittlere Mächtigkeit von 0,25 bis 2,8 m. Die Erstreckung der Gänge im Fallen wurde nicht gemessen, da die vorliegenden Werte dazu nicht ausreichen. In vielen Fällen betrug sie jedoch nicht weniger als die Hälfte der Länge der Gänge.

Die Verteilung der Meßergebnisse für die Ganglängen nach Klassen (Abb. 2, A) zeigt, daß die Gangzonen hauptsächlich aus kleinen Gängen bestehen. Der Anteil der Gänge mit einer Länge bis zu 100 m an der Gesamtzahl der untersuchten Gänge beträgt in der Zone „Wasserscheide“ 54%, in der südlichen Gruppe 78% und auf Swetloje 62%. Der Anteil der Gänge mit einer Länge bis zu 50 m in diesen Zonen beträgt jeweils 10, 24 und 16%.

Die abgeleitete Kennziffer des Verhältnisses der Ganglänge l zu seiner mittleren Mächtigkeit m schwankt zwischen 40 und 370. Solche großen Schwankungen dieser Kennziffer treten jedoch nur in vereinzelten

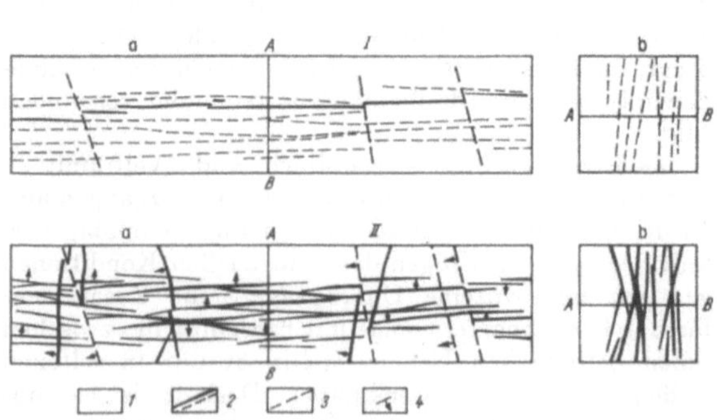

Abb. 1. Anordnung der wichtigsten Erzgänge eines Teilfelds der Gangzone der Lagerstätte Iultin

I — Vereinigung von Erzgängen im Grundriß (a) und im Schnitt (b) nach den Ergebnissen der Erkundung mittels Querschlägen und Bohrungen aus der Strecke im Abstand von 80—100 m, unter Berücksichtigung der Werte des oberen Horizonts; II — tatsächliche Anordnung der Erzgänge des Teilfelds nach Abschluß der Erkundung und des Abbaus
1 — Nebengestein; 2 — Erzgänge; 3 — große tektonische Störungen; 4 — Fallrichtung

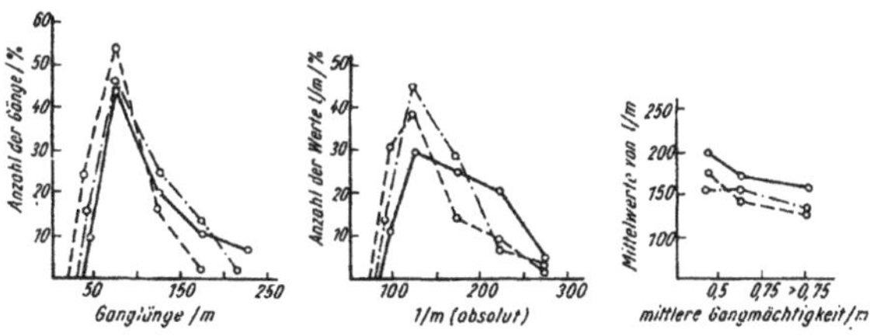

Abb. 2. Verteilungskurven

A — der untersuchten Gänge nach der Länge; B — der Kennziffer $l:m$ nach ihrer Größe; C — der Kennziffer $l:m$ nach der Gangmächtigkeit
Gangzonen: „Wasserscheide" — ausgezogene Linie; südliche Gruppe — gestrichelte Linie; Swetloje — strichpunktierte Linie

Fällen auf. Bei 80—90% aller Gänge schwankt die Kennziffer $l:m$ zwischen 90 und 230 bei Mittelwerten von 133 bis 176 (siehe auch Tab. 1 und Abb. 2, B).

Tab. 1

Gangzone	Kennziffer l/m		
	minimal	maximal	Mittelwert
„Wasserscheide"	63	370	176
südliche Gruppe	40	330	133
Swetloje	75	362	150

Die Verteilung der Werte für l/m nach Klassen unterschiedlicher Gangmächtigkeit zeigte, daß für Gänge mit geringerer Mächtigkeit etwas höhere Werte dieser Kennziffer charakteristisch sind (siehe Abb. 2, C).

Die Mächtigkeit von Gängen, die als plattenförmige Körper ausgebildet sind, ist einer relativ geringen, stetigen Schwankung unterworfen und verringert sich in der Regel vom Zentralteil zu den Flanken hin. Starke Mächtigkeitsveränderungen treten gewöhnlich dort auf, wo sich die Gänge aufteilen oder mit benachbarten Gängen vereinigen. Solche Feldesteile sind ungleichmäßig über die Erstreckung der Gänge verteilt. Im Mittel tritt eine solche starke Auftrümerung eines einzelnen Ganges (nicht gerechnet die Vereinigung mit anderen selbständigen Körpern) in der Zone „Wasserscheide" auf 44 m Ganglänge, in der südlichen Gruppe auf 43 m und in Swetloje auf 32 m auf.

Für eine zahlenmäßige und graphische Darstellung der Häufigkeit und der Größe der Mächtigkeitsveränderungen im Streichen der Gänge wurden 32 der charakteristischsten Gänge aus den verschiedenen Zonen untersucht. Für jeden Gang wurden die prozentualen Mächtigkeitsdifferenzen zwischen jeweils zwei benachbarten Proben bei Abständen von 2, 4, 8 und 16 m berechnet. Die so erhaltenen Rechenwerte für jeden Probenabstand wurden nach der Größe der Differenzen in Klassen aufgeteilt. Die Anzahl der Proben mit ungleichem Vorzeichen der Differenz bei verschiedenem Probenabstand war annähernd gleich.

Die nach den Ergebnissen der Berechnungen erhaltenen Darstellungen (Abb. 3) zeigen, daß in der Mehrzahl der Fälle (73—75% für die Zone „Wasserscheide" und für die südliche Gruppe und 54% für Swetloje) die Mächtigkeitsdifferenzen zwischen benachbarten Proben bei 2 m Abstand einen Wert von 15% nicht überschreiten. Je größer der Probenabstand, desto größer werden auch die Differenzen, d. h., außer geringen Schwankungen von spezieller Ordnung treten größere, allmähliche Mächtigkeitsveränderungen im Streichen der Gänge auf, bedingt durch ihre linsenartige Form. Die gemittelten Mächtigkeiten der Gänge — aus den Ergebnissen der Mächtigkeitsmessungen auf 32 Gängen aus verschiedenen Zonen — sind in Tab. 2 angeführt.

Tab. 2

Gangzone	Mächtigkeit der Gänge in % der mittleren Mächtigkeit			
	im Zentralteil des Ganges	auf Profilen in Richtung vom Zentrum zu den Flanken		
„Wasserscheide"	117	117	90	48
Swetloje	122	110	100	56
südliche Gruppe	132	118	96	41

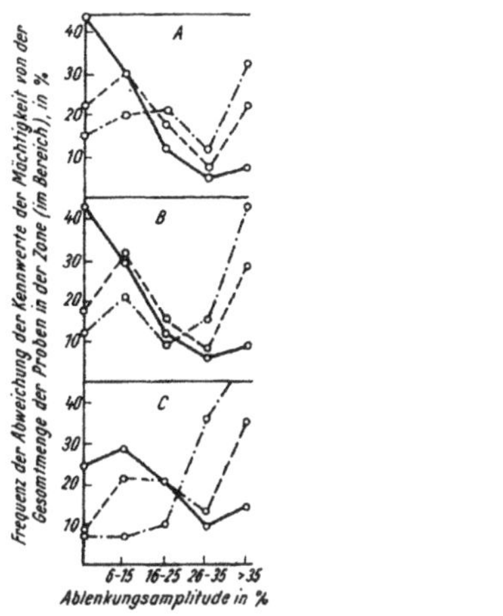

Abb. 3. Verteilung der Häufigkeit und der Größe der Mächtigkeitsdifferenzen zwischen benachbarten Proben bei unterschiedlichem Probenabstand

Entfernung zwischen den Probenentnahmepunkten: 2 m — ausgezogene Linie; 8 m — gestrichelte Linie; 16 m — strichpunktierte Linie
Gangzonen: A — „Wasserscheide"; B — südliche Gruppe; C — Swetloje

Aus einem Vergleich der mittleren morphometrischen Werte der Zonen lassen sich gewisse Unterschiede zwischen ihnen feststellen, die durch strukturelle Besonderheiten zu erklären sind. Durch einen solchen Vergleich kann auch der Charakter der Veränderungen dieser Werte in dem eingehend erkundeten Teil der Lagerstätten von Iultin verfolgt werden. Die Gänge der südlichen Gruppe, die im wesentlichen Rißspalten ausfüllen, sind durch eine starke Veränderlichkeit der Lagerungselemente, manchmal auch der Mächtigkeit, und durch relativ geringe absolute Werte von l/m, die sich mit der Teufe verringern, charakterisiert.

Die an Scherspalten gebundenen Gänge der Zonen „Wasserscheide" und von Swetloje zeichnen sich durch eine große Längserstreckung und hohe Werte von l/m aus. In der Zone „Wasserscheide" verringern sich Länge und Mächtigkeit der Gänge mit der Teufe. Die kompliziertere Form der Gänge in der Zone von Swetloje ist durch die Entwicklung subparallel zu dieser Zone lie-

Tab. 3

Gangzone	Mittlerer Abstand zwischen den Gängen in der Zone (m)	Anzahl der Gänge in % ihrer Gesamtzahl in der Zone: insgesamt	davon: nach dem gegenseitigen Abstand (m) 0,5–3	3–5	5–10	> 10	nach der Fallrichtung (Grad) senkrecht 85–90	nördlich 60–84	südlich 60–84
					alle erfaßten Gänge				
„Wasserscheide“	4,5	100	61	21	13	5	21	50	29
Swetloje	3,1	100	81	13	5	1	11	15	74
Tenkergin	4,3	100	70	22	8	–	24	59	17
					produktive Gänge				
„Wasserscheide“	8,9	51	18	11	10	12	12	27	12
Swetloje	7,5	41	20	6	8	7	7	3	31
Tenkergin	12,0	35	12	3	4	16	13	16	6

gender Granitoidgänge bedingt. Wenn sich diese Granitoidgänge mit den Erzgängen am Kontakt zu den Sedimentgesteinen kreuzen, wird ihre Form kompliziert.

Bei der Erkundung von Gangzonen kann die Kennziffer l/m für die Ermittlung der zu erwartenden Erstreckung der aufzuschließenden Gänge mit Hilfe der Ergebnisse der Messungen ihrer Mächtigkeit verwendet werden. Wenn in einem durch Bohrungen oder Querschläge (3—5 Schnitte) erkundeten Feldesteil vorwiegend Gänge mit einer Mächtigkeit von 0,4—0,5 m aufgeschlossen wurden, so muß erwartet werden, daß die Streichlänge dieser Gänge nur gering sein wird. Die Länge von Gängen mit einer solchen Mächtigkeit (bei einem Wert von l/m gleich 150—200) beträgt 60—100 m.

Besonderheiten der Lagerung der Gänge

Der komplizierte Bau der Gangzonen ist in starkem Maße nicht durch die Form der Gänge bedingt, sondern durch Besonderheiten ihrer Lagerung: durch eine kulissenförmige und enggescharte Anordnung, durch eine häufig auftretende Vereinigung subparalleler Gänge unter verschiedenen Winkeln sowie auch durch das Vorhandensein großer tektonischer Brüche. Um die geologischen Faktoren mathematisch darzustellen, wurden eine Vielzahl von Messungen und eine statistische Aufbereitung der Werte für die Zonen „Wasserscheide“, Swetloje und Tenkergin durchgeführt.

Die Messungen erfolgten auf Profilen quer zum Streichen der Zonen bei einem gegenseitigen Abstand von etwa 50 m. Auf jedem Profil wurden die Anzahl der Gänge, die Mächtigkeit des produktiven Teils der Zone, die Abstände zwischen benachbarten Gängen und ihre Fallwinkel ermittelt. Dabei wurden die Werte für alle Gänge mit einer Mächtigkeit größer als 5 cm sowie einzeln für die produktiven Gänge berechnet. Die Ergebnisse der Messungen der Abstände zwischen den Gängen auf jedem Profil wurden in Klassen eingeteilt. Die Werte für die Fallwinkel der Gänge wurden ebenfalls nach Klassen in Abhängigkeit von der Fallrichtung gruppiert.

Aus den Ergebnissen der Aufbereitung der Messungen wird ersichtlich (Tab. 3), in welcher Entfernung voneinander die Gänge in den Zonen geschart sind: 35 bis 50% der produktiven Gänge liegen in der Klasse 0,5 bis 3 m. Der Abbau solcher Gänge ist selbst dann, wenn sie auf eine längere Erstreckung parallelgelagert sind, in der Mehrzahl der Fälle ohne eine gleichseitige Hereinnahme des zwischen ihnen vorhandenen Nebengesteins nicht möglich, was zu einer starken Verdünnung der Erze führt. Wenn man die Unterschiede in den Lagerungselementen der Gänge und andere Besonderheiten des Baus der Gangzonen in Betracht zieht, so wird deutlich, wie kompliziert und arbeitsaufwendig die Erkundungs- und Abbaubedingungen sind.

Manchmal sind kleine Veränderungen der Lagerungselemente der Gänge mit großen Unterschieden im Vererzungsgrad verbunden. In der Zone „Wasserscheide“ weisen die Gänge mit nordwestlichem Fallen höhere Gehalte an Zinn und Wolfram auf, was von wesentlicher Bedeutung für die Erkundungs- und Abbauarbeiten ist. Die Lagerungsbedingungen der Gänge in den Zonen müssen bei der Umgrenzung der Erzkörper im Streichen und nach der Mächtigkeit sowie auch bei der Ermittlung der Lagerstättenvorräte sorgfältig berücksichtigt werden.

Bei einer ordnungsgemäßen Untersuchung der Gangzonen können die grundlegenden Besonderheiten ihres Baus im Stadium der Vorerkundung anhand der Werte aus den übertägigen Auffahrungen und Querschlägen (Schnittlinien) in Verbindung mit Bohrungen aufgedeckt werden. Durch untertägige horizontale Kernbohrungen lassen sich die Gangzonen effektiv umgrenzen, läßt sich die Lage der einzelnen Gänge zuverlässig feststellen und ihre Mächtigkeit und das Auftreten einer Vererzung in ihnen bestimmen (AKINSCHIN 1968). Allerdings ist selbst schon für eine vorläufige Klärung der Besonderheiten der Lagerung der Gänge und für eine Präzisierung der Werte aus den Erkundungsbohrungen die Anlage von Querschlägen unbedingt notwendig.

Die Lösung der Fragen der Auswahl eines rationellen Erkundungsnetzes, der zweckmäßigen Verbindung der Aufschlußarten und der Reihenfolge in der Durchführung der Arbeiten bei der Erkundung muß sich folglich in erster Linie auf eine sorgfältige strukturmorphologische Analyse der Lagerstätte gründen.

Literatur

AKINSCHIN, P. S.: Methodik und Zuverlässigkeit der Erkundung von Ganglagerstätten der seltenen Metalle (am Beispiel der Untersuchung der Zinn-Wolfram-Lagerstätte Iultin). — Sowjetskaja geologija, Nr. 3 (1968).

BOGAZKI, W. W.: Mathematische Analyse eines Erkundungsnetzes. — Gosgeoltechisdat, Moskau 1963.

LUGOW, S. F.: Geologische Besonderheiten der Zinn-Wolfram-Vererzung von Tschukotka und Fragen der Suche. — Verl. Nedra, Moskau 1965.

MALYSCHEW, I. I.: Erläuterung der Staatlichen Kommission für Vorräte nutzbarer Bodenschätze beim Ministerrat der UdSSR. — Raswedka i ochrana nedr, Nr. 9 (1968).

OSTROMENSKI, N. M., B. M. KOSOW & D. M. OWTSCHINNIKOW: Die Bewertung von Lagerstätten bei der Suche und Erkundung. Teil 2, „Zinn". — Verl. Nedra, Moskau 1966.

PROKOFJEW, A. P.: Fragen der Erhöhung der Qualität der Berechnungen der Vorräte von Metallagerstätten. — Materialien zur Methodik der Erkundung von nutzbaren Bodenschätzen. — Gosgeoltechisdat, Moskau 1962.

PROKIN, W. A.: Die Auswahl rationeller Größen des Erkundungsnetzes auf Kieserzlagerstätten des Urals. — Materialien zur Methodik der Erkundung von nutzbaren Bodenschätzen. — Gosgeoltechisdat, Moskau 1962.

SENKOW, D. A.: Morphologische Analyse der Vererzung vom Standpunkt der Erkundung. — Materialien zur Methodik der Erkundung von Lagerstätten nutzbarer Bodenschätze. — Gosgeoltechisdat, Moskau 1962.

SMIRNOW, W. I.: Über die Auswahl der Dichte eines Erkundungsnetzes. — Materialien zur Methodik der Erkundung von nutzbaren Bodenschätzen. — Gosgeoltechisdat, Moskau 1962.

Über die Anwendung einer Methode der Auswertung von Zahlengesamtheiten zur Ausgliederung großer Sedimentationszyklen

I. A. ODESSKIJ, UdSSR

Das Vorhandensein einer Zyklizität beim Ablauf geologischer Prozesse unterliegt heute keinem Zweifel mehr, ihre Erforschung ist Gegenstand vieler spezieller Untersuchungen. Von erheblichem Interesse ist die Ausgliederung großer Sedimentationszyklen mit einer Dauer vieler Millionen von Jahren. Solche Zyklen haben globale Bedeutung, ihre Aufdeckung führt zum Erkennen vieler wichtiger Gesetzmäßigkeiten in der tektonischen Entwicklungsgeschichte einzelner Territorien und Regionen.

Die in der Literatur vorhandenen Angaben über Zyklen von mehreren Millionen Jahren Dauer in der geologischen Entwicklungsgeschichte der Erde wurden auf der Grundlage der Analyse von paläographischen, paläoklimatischen, paläotektonischen und anderen Daten erhalten. Sie entsprechen sich jedoch nicht nur nicht, sondern stehen in deutlichem Widerspruch zueinander. Es genügt der Hinweis, daß man heute mehr oder weniger überzeugt nur von den überall verbreiteten großen Zyklen mit einer Periode von 180—200 Mill. Jahren und den innerhalb derselben auftretenden mit kleinerer Dauer in der Größenordnung von 20—40 Mill. Jahren spricht (CHAIN 1939; NALIWKIN 1962). Leider sind diese Zyklen recht problematisch, da sie noch wenig untersucht sind. Die weiteren Arbeiten auf diesem Gebiet müssen die Suche nach neuen objektiven Methoden einschließen. Diese Methoden sollen nicht nur zur Bestätigung der schon vorhandenen Ergebnisse führen, sondern auch die weitere, tiefergehende Bearbeitung des Problems ermöglichen.

Im vorliegenden Artikel wird der Versuch unternommen, eine große geologische Zyklizität am Beispiel einer Reihe von Stützbohrungen mit Hilfe einer Methode zur Auswertung von Zahlengesamtheiten (s. CHANOWITSCH u. a. 1968) aufzudecken.

Die Grundlage der Analyse bildet die These vom Zusammenhang der tektonischen Bewegungen mit der lithologischen Zusammensetzung der Sedimentschichten. Dieser Zusammenhang drückt sich bekanntlich in einer allgemeinen Steigerung der Grobheit des terrigenen Sedimentationsmaterials bei einer tektonischen Erhebung des Gebietes und folglich in einer „Versandung" der Sedimentationsbecken aus. Umgekehrt lagert sich im Falle einer tektonischen Senkung vorwiegend feines Material ab.

Somit erlaubt die Codierung der lithologischen Zusammensetzung der Gesteine mit Hilfe einer steigenden oder fallenden Zahlenreihe (Tab. 1) die Darstellung des Profils als gebrochene Linie (Abb. 1). Diese ist ihrem Wesen nach das summarische Rhythmogramm einer Anzahl von Harmoniken, in deren Ausgliederung die Hauptaufgabe der Analyse besteht.

Als Untersuchungsobjekte wurden die Profile folgender Stützbohrungen ausgewählt: Maksimkin-Jarsk, Tschulymsk, Uwatsk, Jushno-Embinsk, Beresowsk (1961) und ein geologisches Standardprofil aus der Saungussker Karakum (Bezirk der Siedlungen Darwasa und Sernyj Sawod).

Die Auswahl der zu analysierenden Objekte erfolgte im wesentlichen zufällig, war jedoch durch eine Reihe von Umständen bedingt.

Lithologische Charakteristik des Gesteins	Codewert des Gesteins
Konglomerate und Gerölle	51
Sande und Sandsteine, mittel- und grobkörnig	48
Sande und Sandsteine, mittel- und feinkörnig	45
Sande und Sandsteine, aleuritisch und tonig	42
Aleurite und Aleurolithe, sandig	39
Mergel, sandig	36
Aleurite und Aleurolithe	33
Mergel, aleuritisch, und Aleurolithe, kalkig	
Aleurite und Aleurolithe, tonig	27
Tone, sandige Argillite	24
Tone, aleuritische Argillite	21
Tone	18
Tone, karbonatisch	15
Tone, kalkig	12
Mergel und toniger Mergel	9
Kalksteine, tonig	6
Kalksteine, Dolomite, Kreide	3

Aus: „Matematitscheskije metody w geologii", Bd. 1, S. 133—138. Leningrad 1968
Übers.: Dipl.-Math. H. BÖTTCHER, ZGI.

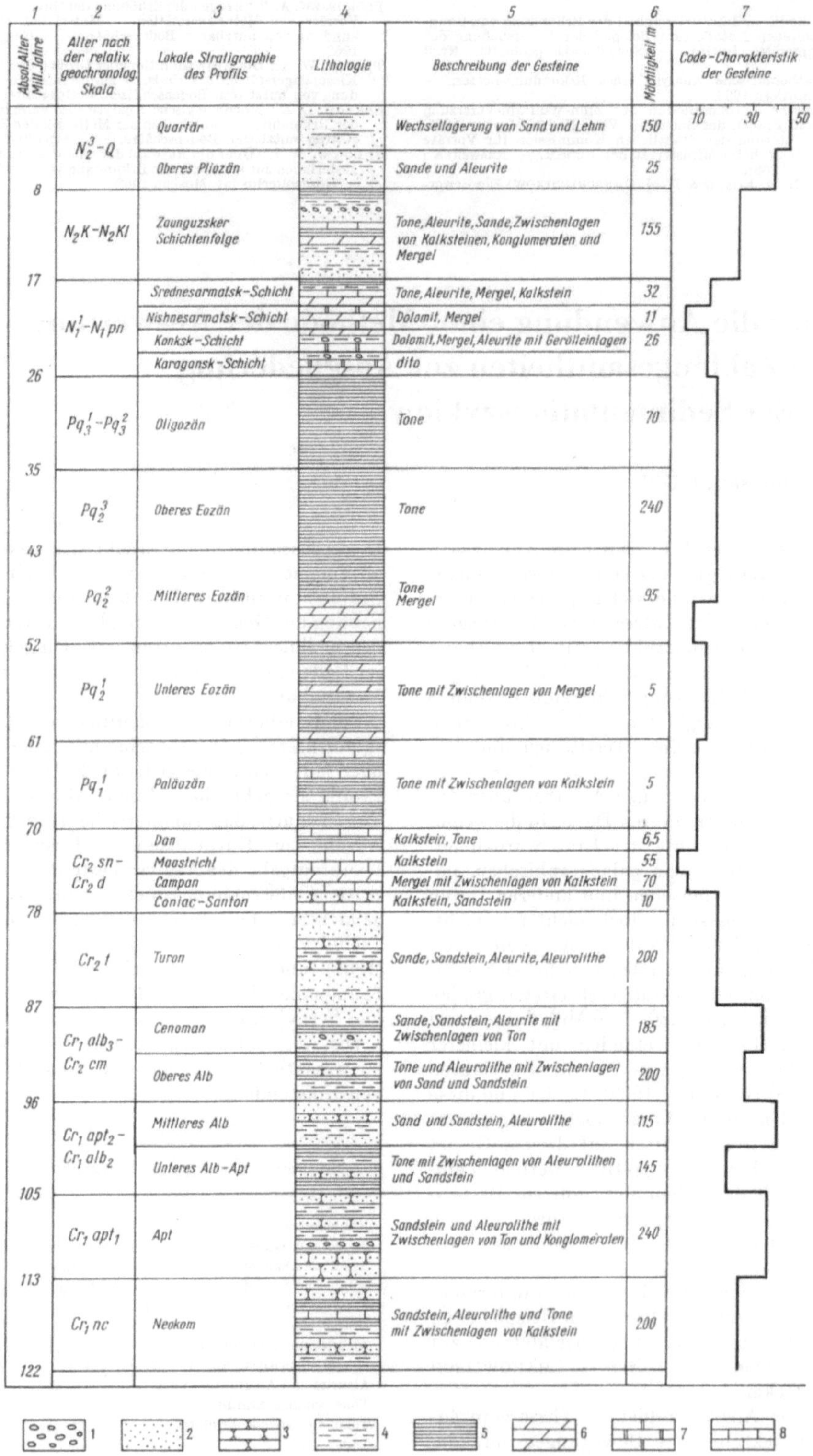

Abb. 1. Geologisches Standardprofil der Saungussker Karakum, Gebiet der Siedlungen Darvasa und Sernyj sawod

1 — Gerölle und Konglomerate; 2 — Sande; 3 — Sandsteine; 4 — Aleurite und Aleurolithe; 5 — Tone; 6 — Mergel; 7 — Dolomite; 8 — Kalkstein

Um voneinander unabhängige Objekte zu untersuchen, wurden in fast allen Fällen Profile benutzt, die hunderte und tausende Kilometer voneinander entfernt liegen.

Da eine tektonische Zyklizität am klarsten an den Schwingungsbewegungen der Erdrinde verfolgt werden kann, wurden unter Ausschluß des Einflusses von Faltungsprozessen Gebiete ausgewählt, die eine Plattform- oder ihr nahekommende Entwicklung durchmachten. Außerdem wurden Profile analysiert, die lediglich den Bau des mesozoisch-känozoischen Deckgebirges widerspiegeln.

Schließlich wurde bei der Auswahl der Profile deren stratigraphische Lückenlosigkeit beachtet. Ohne diese Voraussetzungen sind bedeutende Fehler bei der Interpretation der erhaltenen Resultate möglich.

Die Konstruktion der Profile (s. Abb. 1) wurde in der Einschätzung der Schichtmächtigkeiten nicht vermittels der relativen geologischen Zeitrechnung vorgenommen, sondern im Maßstab der absoluten geochronologischen Skala (POLEWAJA 1960; AFANASJEW, BAGDASARJAN u. a. 1963; u. a.). Die Auswahl eines Zeitmaßstabs erscheint uns in vorliegendem Fall als sehr wesentlich, da die Idee solcher Untersuchungen darin besteht, Perioden auszugliedern, die sich durch unterschiedliche zeitliche Konstanz auszeichnen. Sie setzt dabei die Anwendung von Methoden zur Untersuchung verdeckter Gesetzmäßigkeiten voraus. Bei der Darstellung der geologischen Profile im Mächtigkeitsmaßstab kann sich eine zeitliche Periodizität nur im Charakter der Veränderung der Mächtigkeiten von Schichten mit unterschiedlicher Lithologie offenbaren. Die Darstellung von Zyklen oder Rhythmen durch die Sedimentmächtigkeit ist mit einem minimalen Sicherheitsfaktor nur bei kompensierten tektonischen Bewegungen möglich und kann deshalb in diesem Sinne nur für kleine Zeitabschnitte und im Rahmen genetisch verbundener Schichten angewendet werden. Bei der Analyse von Zyklen mit einer Zeitdauer von vielen Millionen Jahren kann jedoch der Zusammenhang zwischen der Mächtigkeit der Schicht und ihrer Lage in verschiedenen Zyklusphasen stark abgeschwächt sein. Deshalb ist es zur Aufdeckung verdeckter Gesetzmäßigkeiten wohl besser, ein mächtiges geologisches Profil im absoluten Zeitmaßstab darzustellen.

Die Periodogramme sind für alle sechs untersuchten Profile in Abb. 2 dargestellt. Auf der Ordinatenachse sind die Werte des Halbschritts ΔSm abgetragen, auf der Abszissenachse die Schrittzahl (m) bei den aufeinanderfolgenden Durchsichten der Gesteinscodewerte. Ein Schritt bedeutet eine Million Jahre. Es ist in allen Fällen ersichtlich, daß die Periodogramme die Richtung des Prozesses, seinen Trend, widerspiegeln. Die Gerichtetheit bei der Änderung der Ordinaten ist natürlich, da mit der Vergrößerung der Schrittzahl bei jeder folgenden Durchsicht in die zu berechnenden Gruppen immer mehr verschiedenartige Gesteine gelangen, die durch eine größere Differenz ihrer Codewerte charakterisiert werden.

Außerdem steht fest, daß entlang den ansteigenden Periodogrammkurven Abschnitte eines stärkeren Ansteigens der Ordinate (ΔSm) und Abschnitte eines langsameren Anwachsens oder sogar eines gewissen Abfallens auftreten. Zur präziseren Ausgliederung dieser Abschnitte wurde eine Glättung der Kurven nach den minimalen und maximalen Ordinatenwerten durchgeführt. Wie der Versuch gezeigt hat, wurden in beiden Fällen keine größeren Abweichungen beobachtet. Unter Beachtung dessen, daß bei einer ähnlichen lithologischen Charakteristik der benachbarten Gesteine (und folglich ΔSm) die Entwicklungsgesetzmäßigkeit des Sedimentationsprozesses am stabilsten ist, wurde die Glättung des Periodogramms nach den minimalen Ordinatenwerten bevorzugt (s. Abb. 2, a).

Nach der Glättung nahmen die Kurven eine ruhigere Form mit einer gut ausgeprägten Reihe von Maxima und Minima an.

Ausgehend vom Sinn des Halbschrittwerts ΔSm ist zu bemerken, daß einem Zyklus mit einer entsprechenden Periode mit größter Wahrscheinlichkeit ein bestimmtes Maximum des Periodogramms entsprechen muß. Das wird ersichtlich, wenn man sich vorstellt, daß eine maximale Differenz der nach Spalten summierten Codewerte nur dann zu erwarten ist, wenn S_{max} und S_{min} in entgegengesetzte Zyklusphasen fallen.

Da die Extremwerte der Kurven relativ zum Trend genauer festzustellen sind als relativ zur Abszissenachse, werden für jede Graphik der Trend und, relativ zu ihm, die Lage der Maxima der Periodogramme bestimmt.

Der Vergleich der erhaltenen geglätteten Kurven weist unzweifelhaft ihre Ähnlichkeit auf. Deshalb können an Hand der Kurven allgemeine (tektonische) Sedimentationszyklen von gleicher Zyklusdauer ausgegliedert werden.

Die an den entsprechenden Periodogrammen abgelesenen Zyklusperioden sind in Tab. 2 aufgeführt. Wie

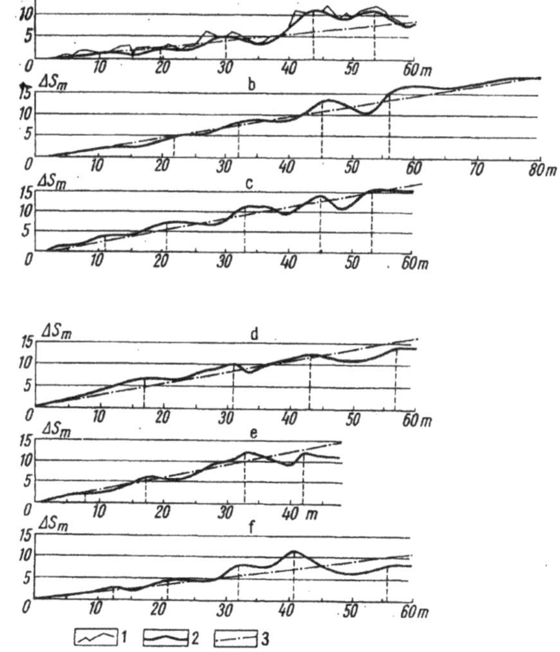

Abb. 2. Periodogramme

a – Saungussker Karakum; b – Jushno-Embinsker Stützbohrung; c – Beresowsker Stützbohrung; d – Tschulymsker Stützbohrung; e – Maksimkin-Jarsker Stützbohrung; f – Uwatsker Stützbohrung
1 – Periodogramm vor der Glättung; 2 – geglättetes Periodogramm; 3 – Trend

Tab. 2.

Profil	Zyklusperioden in Mill. Jahren				
Saungussker Karakum	10	19	30	43	53
Jushno-Embinsker Stützbohrung	—	22	32	45	56
Beresowsker ,,	12	21	33	45	53
Tschulymsker ,,	—	17	31	43	57
Maksimkin-Jarsker ,,	8	17	33	42	—
Uwatsker ,,	12	21	32	41	56
Intervall	8—12	17—22	30—33	41—45	53—57

aus dieser Tabelle zu erkennen ist, können folgende Sedimentationszyklen ziemlich genau festgelegt werden: 8—12, 17—22, 30—33, 41—45 und 53—57 Mill. Jahre. Die Verschiebungsgrenzen der Perioden oder Fehler bei ihrer Bestimmung übersteigen nicht 4—5 Mill. Jahre. Ein Auftreten dieser Fehler kann durch eine Reihe von Ursachen erklärt werden, nämlich durch den Grad der Detailliertheit und Qualität der Profilbeschreibung, die Fehlerhaftigkeit des Codes, die geringe Breite des analysierten Zeitintervalls, die Ungenauigkeiten der geochronologischen Skala und durch vorerst noch nicht erkannte geologische Ursachen.

Die Ausgliederung kleinerer Periodizitäten als der angeführten ist wegen der Größe des gewählten Schrittes nicht möglich, die Ausgliederung größerer ebenfalls nicht, wegen der Beschränktheit des untersuchten Zeitintervalls. Die Vergrößerung der Intervallbreite würde offensichtlich auch die Sicherheit der schon festgestellten Zyklen erhöhen, besonders von solchen mit längerer Periode.

Sehr interessant ist auch die Frage nach dem Vergleich der Phasen der entsprechenden Zyklen. Leider geben die Periodogramme auf diese Frage keine Antwort. Die Methode zur Auswertung von Zahlengesamtheiten jedoch sieht eine solche Möglichkeit vor, was in weiteren Arbeiten auf diesem Gebiet beachtet werden sollte.

Literatur

AFANASJEW, G. D., G. P. BAGDASARJAN u. a.: Materialy k obosnowaniju wosrasta rubeshej meshdu nekotorymi geologitscheskimi sistemami i epochami. — Isw. AN SSSR, ser. geol., Nr. 11 (1963) [1963 a].

— Woprosy geochronologii. — Sb. statej pod red. N. I. POLEWOJ, Moskau 1963 [1963 b].

CHAIN, W. E.: Oszilljazionnyj ritm semnoj kory. — BMOIP, otd. geol., XVII (1), (1939).

CHANOWITSCH, I. G., G. G. JANOWSKIJ u. a.: Metod obsora tschislennych sowokupnostej dlja isutschenija rasresow ossadotshnych tolstsch. — Sb. Matematitscheskije metody w geologii, wyp. 1, Leningrad 1968.

NALIWKIN, W. D.: O ziklitschnosti geologitscheskoj istorii. — Geogr. sbornik XV, astrogeologija, Moskau—Leningrad 1962.

— Opornye skwashiny SSSR. Maksimikin-Jarskaja opornaja skwashina. — Tr. WNIGRI, Wyp. 166 (1961).

— Opornye skwashiny SSSR. Uwatskaja opornaja skwashina. — Tr. WNIGRI wyp. 183 (1961).

— Opornye skwashiny SSSR. Uwatskaja opornaja skwashina. — Tr. WNIGRI wyp. 178 (1961).

— Opornye skwashiny SSSR. Jushno-Embinskaja 2 i Tugaraktschanskaja 5 opornye skwashiny. — Tr. WNIGRI, wyp. 195 (1962).

POLEWAJA, N. I.: Skala absoljutnoj geochronologii. — DAN SSSR, t. 134, Nr. 5 (1960).

Buchbesprechungen

Autorenkollektiv

Zur Kenntnis des nordwestdeutschen Posidonienschiefers

Hannover: 1968. Beih. Geol. Jb., 58, XII, 581 S., 72 Abb., 100 Tab., 35 Taf.

In den sechs Beiträgen dieses Sammelbandes wird über die in den letzten Jahren an der organischen Substanz des Posidonienschiefers durchgeführten Untersuchungen sowie über die während des Toarc herrschenden paläogeographischen Verhältnisse berichtet.

Der Band beginnt mit einer Einführung (S. I—XII) von H. R. VON GAERTNER und H. KROEPELIN zur diagenetischen Entwicklung der organischen Substanz in bituminösen Schiefern, dargestellt am Beispiel der Posidonienschiefer.

Die Aufgaben und Zielstellung der Untersuchungen wird von den Autoren wie folgt dargelegt: „Mit Methoden aus den verschiedensten Gebieten der Naturwissenschaften sollte das gleiche Gestein bearbeitet werden, um die Vorgänge, die zur Ablagerung des Sediments und zur Umbildung seiner Substanzen im fertigen Sediment geführt haben, kennenzulernen."

Der nordwestdeutsche Posidonienschiefer wurde für eine solche Aufgabenstellung als besonders geeignet angesehen. Die Autoren geben einen kurzen Rückblick über frühere Untersuchungen (etwa ab 1944), die u. a. der Gewinnung eines „Schieferöls" für die Energieerzeugung dienen sollten. Anschließend wird die im Zusammenhang mit der Auswahl der Untersuchungsmethoden aufgetretene Problematik dargelegt. Weiter wird die Bedeutung der DTA-Untersuchungen hervorgehoben und zum Schluß der Entwurf zu einem Modell der Erdölbildung diskutiert. Hierzu wird bemerkt, daß als Erdölmuttergestein nicht nur ein an organischer Substanz besonders reicher bituminöser Schiefer in Frage kommt, sondern daß die in vielen Tonsteinen und Tonen in geringen Mengen vorhandene organische Substanz ausreicht, um die bekannten Erdölmengen zu erzeugen. In diesem Zusammenhang wird die Vermutung ausgesprochen, daß die organische Substanz (1—4% des Gesteins) in den schwarzen Tonen der Unterkreide, des Doggers und des Lias die eigentlichen Quellen des nordwestdeutschen Erdöls sind.

Der Anteil der organischen Substanz am nordwestdeutschen Posidonienschiefer beträgt 8—14%. Auf Grund dieses Gehaltes in Verbindung mit seiner petrographischen Beschaffenheit wird der „Posidonienschiefer-Komplex" von allen Autoren als Erdölmuttergestein angesehen. Hinzu kommt, daß bekanntlich mehrere Bohrungen im Posidonienschiefer Nordwestdeutschlands fündig wurden.

Es folgen die Einzelbeiträge:

HANS-HERMANN SCHMITZ

Untersuchungen am nordwestdeutschen Posidonienschiefer und seiner organischen Substanz

S. 1—220, 33 Abb., 74 Tab., 14 Taf.; Hannover 1963

Der erste Abschnitt des Beitrages ist der Petrographie des Posidonienschiefers im allgemeinen, der zweite der in ihm enthaltenen organischen Substanz gewidmet. Es folgen Bemerkungen über die Kohlenstoffisotopenverteilung im Posidonienschiefer und in einigen Erdölen.

Großen Raum nimmt der Abschnitt über die DTA-Untersuchungen ein, wobei sowohl die technische Durchführung als auch die Ergebnisse besprochen werden.

Ausführlich werden Untersuchungen an einigen Posidonienschieferprofilen behandelt und Heizwerte von Posidonienschiefern diskutiert sowie Betrachtungen über Sedimentations- und Bildungsbedingungen angestellt.

Ein letztes Kapitel ist der Erdölwanderung in Posidonienschiefern und deren Stellung als Muttergestein gewidmet.

HERMANN FESSER

Zur Geochemie des Posidonienschiefers in Nordwestdeutschland

S. 221—286, 17 Abb., 9 Tab.; Hannover 1963

Zunächst wird in einer Literaturbetrachtung ein Überblick über Spurenelemente in bituminösen Gesteinen sowie über ihr geochemisches Verhalten überhaupt gegeben. Dann wird die Untersuchungsmethodik beschrieben. Die folgenden

Abschnitte behandeln das Profil Schandelah 1 sowie regionale und rezente Proben.

In einem quantitativ-spektrochemischen Verfahren wurden die Elemente Ni, Co, Cr, V und Mo sowie in einigen sogenannten Regionalproben Cu, Pb und Zn bestimmt.

KARL MÄDLER

Die figurierten organischen Bestandteile der Posidonienschiefer

S. 287–406, 4 Abb., 3 Tab., 16 Taf.; Hannover 1963

Der Autor beschreibt einführend die petrographische, paläontologische und palynologische Beschaffenheit des Posidonienschiefers. Danach werden die Untersuchungsmethoden erörtert. Als Aufbereitungsarten werden Schlämmen mit H_2O_2 und Mazeration sowie die Einzelkornpräparation fossiler Sporomorphen behandelt.

Im nächsten Abschnitt wird auf die Erhaltungszustände der Posidonienschiefer verschiedener Vorkommen, auf die Grundsubstanz dieses Schiefers sowie auf die Erdölentstehung aus Algen eingegangen.

Den größten Raum nimmt dann schließlich die eingehende taxonomische Bearbeitung ein. Abschließend wird das Problem der im Posidonienschiefer vorkommenden Holzreste behandelt.

HELMUT JACOB

Petrologische Untersuchungen an der organischen Substanz des nordwestdeutschen Posidonienschiefers

S. 407–442, 6 Abb., 8 Tab., 2 Taf.; Hannover 1963

Der Autor wertet diesen Beitrag als Versuch, mit kohlenpetrographischer, -chemischer und -physikalischer Untersuchungsmethodik zur Lösung der Genesis von Erdölbitumen beizutragen.

Eingangs wird der Stoffbestand des Posidonienschiefers besprochen. Es folgt eine ausführliche Beschreibung der organischen Stoffgruppen, wie Inertinit-Gruppe, Vitrinit-Gruppe, Exinit-Gruppe, diffuses Polymerbitumen und Extraktionsbitumen. Abschließend geht der Autor noch auf das Verwitterungsverhalten bituminöser Schiefer ein.

KARL HOFFMANN

Zur Stratigraphie und Paläogeographie der bituminösen Fazies des nordwestdeutschen Oberlias (Toarcium)

S. 443–498, 4 Abb., 1 Tab., 3 Taf.; Hannover 1966

In diesem Beitrag setzt sich der Autor im ersten Abschnitt mit der Stratigraphie des Toarc auseinander und macht darauf aufmerksam, daß der „Posidonienschiefer" nicht als stratigraphische Einheit, sondern nur als petrographischer Begriff anzuwenden ist. Anschließend werden dann die Ergebnisse der biostratigraphischen Untersuchungen innerhalb der bituminösen Fazies des nordwestdeutschen Oberlias wiedergegeben und dabei Ammonitenzonen und Subzonen einzeln berücksichtigt. An Hand der Faunenzusammensetzung werden die binomischen Verhältnisse des nordwestdeutschen Oberlias-Meeres analysiert, wobei die bituminöse Ausbildung im Vordergrund steht.

Echte Sapropelite, die im Untertoarc zeitweise überwiegen, wechseln mit Gyttja-Bildungen ab. Während die Sapropelite ausschließlich Reste des Nektons, Planktons und Pseudoplanktons führen, finden sich in der Gyttja häufig Reste des Benthos. Hinsichtlich der Paläogeographie kommt der Autor dann zu der Schlußfolgerung, daß das Untertoarc eine Zeit relativer Bodenruhe ist. Im Obertoarc macht sich die Auswirkung epirogenetischer Bewegungen bemerkbar. Am stärksten sind die küstennahen Gebiete betroffen. Die bituminösen Sedimente werden hier rasch von rein tonigen abgelöst. R. TESSIN

HANS KROEPELIN

Chemische Untersuchungen am nordwestdeutschen Posidonienschiefer und seiner organischen Substanz

S. 499–563, 6 Abb., 31 Tab.; Hannover 1967

Im ersten Teil werden die chemischen Untersuchungen mit konventionellen Methoden und die technische Zielsetzung behandelt. Neben den analytischen Arbeiten, ihren Methoden und Ergebnissen wird besonders der Ent- und Vergasung der Schiefer breiter Raum gegeben. Weiter werden die Eigenschaften der Rückstände untersucht.

Im zweiten Teil werden Versuche zur Isolierung chemischer Verbindungen bzw. Verbindungsgruppen beschrieben. Die Isolierung erfolgte mittels Extraktionen. Die Originalproben, die extrahierten Schiefer und die Extrakte werden emissionsspektroskopisch auf Spurenelemente untersucht. In sämtlichen Extrakten konnte eine starke Anreicherung von V festgestellt werden, Methanolextrakte zeigen eine solche von Na und Sn und Benzolextrakte eine von Ni.

Weiter wurden u. a. Porphyrine, Aminosäuren, Kohlenhydrate und Huminsäuren, die aus den Schiefern extrahiert werden konnten, beschrieben. Ein Abschnitt ist der Frage der maximalen Lagerstättentemperatur gewidmet. In diesem Rahmen wurde auf das thermische Verhalten der Aminosäuren und auf die Rolle, die sie als geochemisches Thermometer spielen, eingegangen.

Insgesamt gesehen geben die einzelnen Beiträge einen ausgezeichneten Überblick über die durchgeführten Untersuchungen, und zwar sowohl über die Methoden als auch über die Ergebnisse. Die zahlreichen Abbildungen und Tabellen stellen wertvolles Vergleichsmaterial dar.

Im Hinblick auf die Untersuchungen und die Darstellung der Ergebnisse wäre vielleicht eine stärkere stratigraphische Bezogenheit wünschenswert gewesen, ebenso eine zusammenfassende Betrachtung, wie sie in der Einleitung zwar angedeutet, aber doch nur unvollkommen durchgeführt wurde.

SZÉCHY, K.

Tunnelbau

Wien, New York: Springer-Verlag 1969. 858 S., 664 Abb., 45 Tab., Ganzleinen DM 244,–

Das vorliegende Buch umfaßt den gesamten Komplex des Tunnelbaus und nimmt damit unter der Vielzahl diesbezüglicher Veröffentlichungen, die mehr oder weniger Teilgebiete des Tunnelbaus behandeln, eine Sonderstellung ein. Dem Fachmann wird anhand des Buchs die Möglichkeit geboten, sich einen umfassenden Überblick über den gegenwärtigen Wissensstand in Theorie und Praxis des Tunnelbaus zu verschaffen. Besonders hervorzuheben sind die zahlreichen, mathematisch abgeleiteten Berechnungsgrundlagen zu Problemen der Bodenmechanik, des Tunnelbaus und der Tunnelstatik sowie die in Tabellen zusammengestellten Kennzahlen, die sowohl dem Projektanten als auch dem Praktiker eine solide Arbeitsbasis bieten. Der Autor versteht es, die zum Teil sehr komplizierte Thematik systematisch und verständlich darzustellen. Er bedient sich hierzu einer klaren Gliederung und sprachlichen Ausdrucksform. Insofern ist das Werk gleichzeitig ein ausgezeichnetes Lehrbuch für Studenten der technischen Hochschulen.

Das Buch ist in sieben Kapitel untergliedert.

Kap. 1 bringt in prägnanter Form eine Übersicht der Tunneleinteilung sowie einen kurzen Überblick auf die Geschichte des Tunnelbaus.

Im Kap. 2 werden Vorarbeiten und allgemeine Gesichtspunkte für die Entwurfsarbeit behandelt. Der Schwerpunkt liegt hierbei auf der Geologie des Tunnelbaus.

Die Bestimmung der wirksamen Belastung unterirdischer Hohlraumbauten und Tunnel ist das Thema des Kap. 3.

Hervorzuheben sind in diesem Rahmen die einzelnen einander gegenübergestellten Gebirgsdrucktheorien mit ihrer vom Verf. vorgenommenen kritischen Einschätzung sowie die Auszüge aus den Lastermittlungsvorschriften für die Untergrundbahnen in Lissabon, Budapest und der Sowjetunion.

Bemessung und Entwurf der Tunnelauskleidung (Kap. 4) werden vom Verf. am eingehendsten behandelt. Die einzelnen Verfahren und Methoden sind analytisch belegt.

Die verschiedenen Arten der Tunnelabsteckung sowie die Vermessung der Tunnelringlage sind dem Kap. 5 zu entnehmen.

Im Kap. 6 werden die einzelnen Bauweisen eingehend untersucht. Neben den konventionellen Vortriebsverfahren und Bauweisen erfolgt eine eingehende Betrachtung der Schildbauweise mit ihren Vor- und Nachteilen. Im Gegensatz hierzu beschränkt sich der Verf. bei der offenen Bauweise mehr oder weniger auf die Beschreibung einzelner Beispiele.

Dem Betrieb sowie der Instandhaltung und Rekonstruktion von Tunneln ist das letzte Kapitel gewidmet. Darin behandelt der Verf. u. a. die Ursachen der Tunnelschäden, die Maßnahmen zu ihrer Behebung und die durch Tunnelbauten bedingten Oberflächensetzungen.

Die große Anzahl von anschaulichen Abbildungen erleichtert das Einarbeiten in die einzelnen Fachgebiete. Die Literaturhinweise am Ende der Kapitel bzw. am Ende des Buches geben wertvolle Hinweise für das Studium spezieller Einzelprobleme. W. REH

HINTZE, CARL

Handbuch der Mineralogie. Ergänzungsband III, Lieferung 5

Zusammengestellt und herausgegeben von KARL F. CHUDOBA
Berlin: Verl. Walter de Gruyter & Co. 1968. XII, 168 S., 4 Fig., br. DM 82,—

Mit der Lieferung 5 ist nun auch der Ergänzungsband III von HINTZES Handbuch der Mineralogie vollständig erschienen. In diesem Ergänzungsband III wurde wiederum eine große Zahl von neuen Mineralien und neuen Mineralnamen zusammengetragen sowie die in den letzten Jahren neu- und redefinierten Mineralien und unbenannten Mineralien. Schließlich sind auch die inzwischen ausgeschiedenen (diskreditierten) Mineralien erfaßt. Insgesamt werden im Ergänzungsband III 1290 Mineralien behandelt.

Die Bearbeitung und Herausgabe des Ergänzungsbandes III des „HINTZE" müssen als einmaliges Verdienst für KARL F. CHUDOBA im Sinne einer wesentlichen Entwicklung der systematischen Mineralogie und Mineralkunde verbucht werden. Solche Arbeiten dürfen auch heute nicht für den Fortschritt der Wissenschaften unterschätzt werden. Der umfassende Beitrag, den auch H. STRUNZ für die Entwicklung der speziellen Mineralogie geleistet hat, wird von KARL F. CHUDOBA ausdrücklich gewürdigt. W. KLEBER

Hrsg. J.-H. SCHARF

**Physik und Chemie der Kristalloberfläche
Vortragstagung vom 8. bis 11. Oktober 1966 in Halle**

Leipzig: Verlag J. A. Barth 1968.
446 S., 220 Abb., 8°, M 53,—
(„Nova Acta Leopoldina", Suppl. 1 zu Band 34)

Der Komplex Physik und Chemie der Kristalloberfläche stellt heute ein Querschnittsgebiet dar, das nicht nur beide genannten Hauptdisziplinen betrifft, sondern Bedeutung in allen Naturwissenschaften und in der Technik hat. Es enthält so viele Spezialgebiete, auf denen enorme Fortschritte erzielt wurden, daß es heute nicht mehr möglich ist, von einem aus die Gesamtheit zu übersehen. Dementsprechend gibt es auch kaum zusammenfassende Werke in der Literatur. Das vorliegende Buch kann jedoch mit vollem Recht in Anspruch nehmen, diesen Bogen zu spannen. Es ist hervorgegangen aus einer Vortragstagung der Deutschen Akademie der Naturforscher Leopoldina, zu der international maßgebliche Fachvertreter den neusten Stand der Erkenntnisse auf jedem Teilgebiet beisteuerten.

Die insgesamt 17 Beiträge entsprechen Hauptvorträgen. Sie informieren über den Stand jedes Teilgebietes (jeweils 20 bis 50 Literaturzitate) und geben derzeitige Grenzen und erwartete Entwicklungen aus der Sicht des kompetenten Fachmanns. Die Beiträge sind so gefaßt, daß sie auch ohne Spezialkenntnisse zugänglich sind. Das Buch erfüllt von dieser Seite her durchaus die Rolle eines Kompendiums.

Der Inhalt erstreckt sich von atomarer Struktur (W. BOAS) und Realstruktur (H. BETHGE), energetischen Grundgrößen (K. L. WOLF u. P.-J. SELL) und Untersuchung durch Beugung langsamer Elektronen (K. MOLIÈRE) und durch Feldemission (E. W. MÜLLER) über die molekularkinetischen Vorgänge bei Wachstum (I. N. STRANSKI), Elektrokristallisation (R. KAISCHEW u. E. BUDEVSKI) und Epitaxie (W. KLEBER), epitaxische Reaktionsschichten (A. NEUHAUS u. M. GEBHARDT) sowie Einflüsse von Adsorption (R. KERN) und Oberflächendiffusion (H.-J. MEYER) bis zu physikochemischen Vorgängen und Reaktionen, beginnend von Physisorption (R. HAUL), Reaktionen an (G. HEILAND) und elektrochemischen Reaktionen in Halbleiteroberflächen (H. GERISCHER) bis zu katalytischen Vorgängen (G.-M. SCHWAB) sowie Beziehungen zur Deformation (P. A. REHBINDER) und Tribochemie (P. A. THIESSEN).

In den Geowissenschaften finden alle diese Fragen Anwendung, auch wenn hier innere Oberflächen bzw. Grenzflächen die größere Rolle spielen. Reine Oberflächen liegen zwar etwas abseits, Analogiebeziehungen gelten jedoch, sofern sie nicht die zur Zeit noch einzigen Grundlagenhinweise geben. Jedem Geowissenschaftler, der sich hier über den Stand der Dinge informieren will, sei dieser Sammelband unbedingt empfohlen. L. ICKERT

Diffusion Data

Cleveland: Diffusion Information Center 1969. Vol. 3, Nr. 4.

„Diffusion Data" ist eine neue periodisch erscheinende Referatezeitschrift, in der seit 1967 kontinuierlich Informationen über den Massentransport in anorganischen Festkörpern und ihren Schmelzen gegeben werden. Es ist vorgesehen, auch alle vor 1967 veröffentlichten Daten in speziellen Bänden herauszubringen, so daß das gesamte Datenmaterial auf diesem Gebiet in Kürze zur Verfügung steht.

Unter den Begriff Festkörper fallen hier alle festen und flüssigen Stoffe, die im Normalzustand (N.T.P.) fest sind. Bei den bisher untersuchten Festkörpern handelt es sich in überwiegendem Maße um Metalle, Legierungen, intermetallische und andere reine Verbindungen, wie sie in der Natur nicht oder nur selten angetroffen werden. Da jedoch die bei natürlichen Mineralen in mehr oder weniger großem Umfang vorhandene „Unreinheit" oftmals durch Diffusionsvorgänge hervorgebracht wird (z. B. LIESEGANG-Ringe), sind eingehendere qualitative und quantitative Kenntnisse über diese Phänomene für die Geologie durchaus von Interesse. Daß sie in geologischen Arbeiten noch nicht stärker berücksichtigt wurden, ist nicht zuletzt eine Folge der schweren Zugänglichkeit von modernen Arbeiten auf diesem Gebiet, besonders durch ihre breite Streuung in der Literatur. Mit der Herausgabe von „Diffusion Data" ist dieser Mangel weitgehend überwunden.

Die Informationsmenge, die in dem neuen Referateorgan erfaßt wird, kann dem nachfolgenden Inhaltsverzeichnis des vorliegenden Heftes entnommen werden.

	Seite
Einführung	365—374
Diffusion in festen Metallen und Legierungen	375—448
Diffusion in flüssigen Metallen und Legierungen	449—456
Diffusion in intermetallischen Verbindungen	457—462
Diffussion in einfachen und komplexen Oxiden, ihre Mischungen und Lösungen	463—494
Diffusion in Halogeniden	495—512
Diffusion in verschiedenen Substanzen	513—530
Literaturangaben	531—545
Experimentelle Verfahren	546—565
Verschiedene Literaturangaben	566—567
Besprechungen und kritische Datenauswahl	568—572
Autorenverzeichnis	573—580
Verzeichnis der Institutionen	581—592
Sachwörter- und Formelverzeichnis	593—612
Verzeichnis der experimentellen Verfahren	613—616

In präziser Form wird in den Referaten dargestellt, in welchem Temperatur- und Druckbereich die Daten anwendbar sind, mit welchen experimentellen Methoden sie bestimmt wurden und welche Reinheit und Eigenschaften die untersuchten Materialien besaßen. Sehr häufig werden die Daten tabelliert vorgelegt. Für alle, die sich mit Diffusionsproblemen beschäftigen, stellt „Diffusion Data" eine wertvolle Informationsquelle dar. H. UNGETHÜM

Literaturreferate

WASSOJEWITSCH, N. B., u. a.

Die thermobaren Bedingungen der Entfaltung der Hauptphase bei der Erdölbildung

„Nafta", Zagreb, Jg. 20 (1969) 12, S. 601–609. 6 Diagr., 19 Lit.

Die Bedingungen der Erdölbildung, vor allem deren Hauptphase, sind nicht nur von theoretischem Wert, sondern dienen auch der Erkundung neuer Öl- und Gasfelder. Unter diesem Gesichtspunkt werden die Bildungsmöglichkeiten der Kohlenwasserstoffe aus der organischen Substanz der Sedimentgesteine untersucht. Dabei werden zwei Phasen unterschieden: die frühe, „innere" Phase und die Hauptphase der Ölentwicklung, in die die Akkumulation und Reservoirbildung einbezogen sind.

Kohlenwasserstoffe können in verschiedenen Stufen gebildet werden: 1. frühe Kohlenwasserstoffe (Prä-Kohlenwasserstoffe), gebunden an das Plankton, 2. Kohlenwasserstoffe der diagenetischen Generation (Metabolite durch Mikroorganismen), 3. Kohlenwasserstoffe der altdiagenetischen Generation (Bildung durch Fermente in den Sedimenten). Weitere Kohlenwasserstoffe werden katagenetisch durch thermolitische Prozesse gebildet; auf Grund ihres fossilen organischen Ausgangsmaterials werden diese auch als abiogen bezeichnet.

Die Basis der Hauptphase der Ölbildung wird durch die primäre Kohlenwasserstoffmigration angezeigt, die bei gewissen thermobaren Bedingungen in bituminösen Gesteinen von über 3–12% organischem Kohlenstoffgehalt vor sich gehen kann. Dabei dient die Beobachtung der optischen Eigenschaft des Vitrinits zur Abgrenzung der Katagenesephase oder ihrer Subphasen. Zur Erreichung der Hauptphase gilt, daß die thermobaren Bedingungen um so größer sein müssen, je kleiner der Naphthengehalt ist.

J. KNÜPFER

Ölfund in Neuseeland

„Petroleum Press Service", London, Jg. 37 (1970) 1, S. 17–19

Bereits 1839 wurden vor der Küste Neuseelands bei New Plymouth auf dem Meere Ölflecken beobachtet. Die Erdölsuchbohrung Maui Nr. 1, rund 42 km vor der Küste von Taranaki, konnte im März 1969 Erdöl, Erdgas und Kondensate antreffen. Auch die in 16,7 km Abstand stehende Bohrung Maui Nr. 2 ist Ende 1969 fündig geworden. Der Nachweis von Kohlenwasserstoffen in Teufen zwischen 2440 und 3203 m verstärkte die Hinweise auf ein Ölfeld; doch können erst weitere Untersuchungen darüber Aufschluß geben, ob eine wirtschaftliche Gewinnung möglich sein wird.

Vor der Westküste beider Inseln ist die Ölführung tertiärer Schichten nachgewiesen. Das Feld Kapuni, dessen Gasförderung etwa 6% der Ölversorgung Neuseelands decken soll, fördert aus mächtigen Eozän-Sandsteinen zwischen 3355 und 3965 m Tiefe, wohingegen Erdöl und Erdgas aus pliozänen Sandsteinen bei New Plymouth aus einer Teufe von nur 610 bis 915 m gefördert werden.

Gasaustritte wurden an verschiedenen Stellen des Meeresgrundes beobachtet. Fast alle die Küste Neuseelands umgebenden Meeresgebiete sind als Konzessionen vergeben. Lediglich die stürmische Fjordküste im Südwesten der Südinsel, wo die Tiefsee bis nahe an die Küste reicht, eignet sich nicht für die Erdölsuche und -förderung. Die günstigsten Voraussetzungen für die Erdölprospektion sind im Taranaki-Becken gegeben, das von der Provinz Taranaki der Nordinsel über den verbindenden Landsockel bis zur Provinz Nelson der Südinsel reicht. In seinem geologischen Bau stimmt das Becken weitgehend mit dem des Gippland-Beckens am Gegenufer der Tasman-See überein. Genehmigungen für weitere Sucharbeiten auf Kohlenwasserstoffe im Taranaki-Becken wurden an 4 Konsortien und Ölgesellschaften erteilt.

K. DETTE

EMERSON, D. W., & C. V. G. PHIPPS

Die Kartierung der Lockersedimentbasis in einem Teilgebiet von Port Jackson, Neusüdwales, mit einem Boomer-System (engl.)

„Geophys. Prospecting", The Hague, 17 (1969) 3, S. 219 bis 230. 8 Abb., 33 Lit.

Mit einem Boomer-System (seeseismische elektromagnetische Anregungsquelle) von 200–400 Joule wurde ein Teil des Sydneyer Hafens, Port Jackson, mit der CRP-Methode vermessen, um die Lockersedimentbasis zu kartieren. Bei einer Wassertiefe bis 20 m und Lockersedimentmächtigkeiten von 0–60 m wurde durch sehr kurze Signale (0,5–1 ms) und hochfrequente Filterung (200–800 Hz) ein sehr hohes Auflösungsvermögen (< 1 m) erzielt.

Es konnten mehrere Reflexionshorizonte im Lockersediment verfolgt werden und die Grenze zum festen Gestein, einem triassischen Sandstein, festgelegt werden. Erschwert wurde die Kartierung der Lockersedimentbasis durch verstärkte Energieabsorption und -streuung mit wachsender Eindringtiefe sowie intensive Reflexionen, Diffraktionen und Multiple aus dem Lockersedimentbereich. Die erhaltene Karte der Oberkante des Festgesteins zeigt ein mäanderartig bewegtes Relief, das durch die Strömungs- und Auswaschungstätigkeit der Zuflüsse und Gezeiten erklärt werden kann.

H. WOLFF

ANKUDINOW, E. W.

Das Wesen gering negativer Eh-Werte in Schichtwässern der westlichen Gebiete Mittelasiens

„Bjull. Mosk. obschtschestwa ispyt. prirody", Otd. geol., Moskwa, Jg. 44 (1969) 6, S. 102–112. 3 Abb., 2 Tab., 7 Lit.

Es wird das wenig erforschte Gebiet des Redoxpotentials von natürlichen Wässern behandelt. Der Verf. gibt konkrete Hinweise auf die Ursachen der Unterschiede für die in der Literatur angeführten, untereinander nicht vergleichbaren Werte.

Die die Eh-Werte beeinflussenden Faktoren wurden bei der Untersuchung von Wässern in meso-känozoischen artesischen Becken des westlichen Mittelasiens (Mineralisation 1,5–3,5 g/l; pH 7,2–8,5; H_2S 0,5–3,0, max. 14,0 mg/l; Eh +300 bis −390 mV) erfaßt.

Im einzelnen untersucht wurden der Einfluß der a) Belüftung der Wasserproben, b) Lebenstätigkeit von Mikroorganismen, c) Impfung mit aktiven Anaerobiern, d) teilweisen Entgasung des Wassers, e) langdauernden Aufbewahrung des Wassers in hermetischen Zellen. Außerdem konnten Beziehungen zum H_2S- und Fe-Gehalt festgestellt werden.

P. DIETRICH

BERGE, H. & L. BRÜGMANN

Möglichkeiten zur polarographischen Bestimmung einiger Hauptkomponenten im Meerwasser

„Beitr. Meereskunde", Berlin (1969) 26, S. 47–57. 2 Abb., 2 Tab., 30 Lit.

Es wurden Methoden zur polarographischen Bestimmung von Natrium, Kalium, Magnesium und Kalzium im Meerwasser entwickelt. Gute Ergebnisse konnten bei der direkten und indirekten Analyse des Natriums erzielt werden. Zur Indikation der Natriumkonzentration diente die Auswertung der ersten Uranstufe, die aus einem Natrium-Magnesium-Uranylazetat-Niederschlag nach dem Auflösen in Salzsäure gewonnen wurde. Magnesium- und Kalziumstörungen ließen sich mit Äthylendiamintetraessigsäure (ÄDTE) ausschalten. Die direkte Kaliumbestimmung war weitgehend von einer quantitativen Ausfällung des Natriumüberschusses abhängig. Für eine schnelle Simultananalyse der beiden Erdalkalien erwiesen sich Verdrängungsreaktionen günstig. Die aus dem Kadmium-Äthylendiamintetraazetat-Komplex freigesetzte

Kadmiummenge wurde in 1 m und 5 m Ammoniak polarographiert und ermöglichte so eine differenzierte Kalzium- und Magnesiumbestimmung. Kalzium konnte daneben auch direkt quantitativ erfaßt werden, wobei durch geringe Konzentration des Depolarisators, Zugabe von Alkohol und Benutzen der Rapidpolarographie eine fast völlige Eliminierung des üblichen Kalziummaximums zu verzeichnen war. Es wird ein systematischer Analysengang zur polarographischen Bestimmung der vier Kationen vorgeschlagen.

Autorreferat

KONJUCHOW, I. A., O. G. LARINA & G. A. OSTAPENKO

Erfahrungen bei der Untersuchung von Austauscheigenschaften toniger Ablagerungen als Kriterium für die geochemischen Sedimentbildungsbedingungen

„Neftegasowaja Geologija i Geofisika", Moskwa (1969) 6, S. 50–54. 1 Abb., 2 Tab., 8 Lit.

An unterkretazischen terrigenen Bildungen des nördlichen Vorkaukasus und an Jurasedimenten des Fergana-Beckens wurden hydrogeologisch-hydrochemische Untersuchungen mit folgenden Ergebnissen durchgeführt.

1. Der Charakter der adsorbtiven Kationen toniger Gesteine ist für brackische, marine und kontinentale Bildungen spezifisch, so daß er als Kriterium für das Sedimentationsmilieu dienen kann.
2. Die angewandte Methodik ist für terrigene, marine und kontinentale Bildungen brauchbar.
3. Entsprechend den verschiedenen Typen tonigen Materials unterscheidet man folgende Sedimentationsbereiche mit einer dazugehörigen Alkalinität:

Sedimentationsbereich	Alkalinität
mariner Tiefwasserbereich (erhöhter Salzgehalt)	2 und > 2
mariner Flachwasserbereich (mittlerer Salzgehalt)	1,3–1,8
Brackwasserbereich (schwacher Salzgehalt)	1,1–0,7
kontinental-arider Bereich (mittlerer bis schwacher Salzgehalt)	1,1–1,5
kontinental-humider Bereich (Süßwasser)	unter 0,5

H. PÄTZ

KLOPP, R.

Baugeologische Probleme bei der Gründung des Biggekraftwerkes auf verkarsteten devonischen Riffkalken im Sauerland und ihre Lösung

„Rock Mechanics", Wien–New York, Jg. 1 (1969) 2–3, S. 145–156. 4 Abb., 18 Lit.

Im nördlichen Gründungsbereich des Kraftwerkes der Biggetalsperre im Sauerland tauchten steilstehende, kalkige Schichten auf, in die Riffkalkklötze von unterschiedlicher Verteilung eingelagert waren. Während die Kalkmergelschiefer nur starke Entkalkungserscheinungen aufwiesen, zeigten sich in den Riffkalkzonen echte Karsthohlräume.

Die Ecke eines wesentlichen Bauwerkteils des Kraftwerkes lag über einer kolkartig eingebrochenen und mit Geröllen gefüllten Karsthöhle. Diese Kraftwerksbereiche wurden daher auskragend konstruiert. Die Lasten mußte das südlich anschließende nichtverkarstete Gebirge aufnehmen. Das völlig regellose Auftauchen verkarsteter Riffbereiche ließ aber die Gefahr vermuten, daß auch der standfeste Gebirgsteil durch Karsteinbrüche unterschnitten werden könnte. Das um so mehr, als die Schichtung in Richtung des Karstkolkes einfiel und Schichtpakete des an sich standfesten Gebirges abgleiten könnten. Um das zu verhindern, wurden den besonderen Verkarstungsbedingungen angepaßte systematische Injektionen in drei Phasen ausgeführt. Eingepreßt wurde ein Gemisch aus ca. 70% Zement, 25% Sand und 5% Bentonit.

Als wesentlichste Folgerung für den Felsbau werden die Unterschiede der Verkarstung zwischen homogenen Kalksteinen und Riffkalksteinen herausgestellt.

Zur sicheren Gründung von Bauwerken werden eine ausreichende baugeologische Untersuchung, enge Zusammenarbeit zwischen dem Geologen und Ingenieur während der Planung und beim Bau sowie Anpassung der Bauausführung an die Besonderheiten des Karstes empfohlen.

Autorreferat

KLOPP, R.

Geophysikalische Messungen in Fördersonden

„Neftegasowaja Geologija i Geofisika", Moskwa (1969) 12, S. 26–29, 2 Abb.

In der Wolga–Ural-Erdölprovinz wurden einige geophysikalische Bohrlochmeßmethoden in Fördersonden mit folgenden Ergebnissen untersucht:

1. Die Neutronenverfahren erweisen sich nur in nichtperforierten verrohrten Sondenabschnitten innerhalb hochporöser Speicher mit salzhaltigen Lagerstättenwässern als effektiv.
2. Die geophysikalischen Messungen in ihrer Gesamtheit liefern wertvolle Primärdaten, die für die Förderregime der Sonden und der Lagerstätten notwendig sind.
3. Es wird gefordert, besondere Methodiken und Apparaturen zur Messung in den Fördersonden zu entwickeln. Auf alle Fälle sollten Mengenmesser, Dichtemesser und Resistivimeter eingesetzt werden.
4. Ferner sind radioaktive Isotopenmeßmethoden und geothermische Verfahren zur Bestimmung von Leckstellen, die durch schlechte Zementation bedingt sind, einzusetzen.

H. PÄTZ

Neuerscheinungen und Literaturhinweise

LISSITSCHKIN, S. M.

Die Erdölindustrie der USA

Moskau: Verl. Nedra 1969. 320 S., div. Abb., 62 Tab., Lit.

LUKASCHEW, K. I.

Das Erdöl Belorußlands

Minsk: Verl. Nauka i technika 1969. 201 S., 22 Abb., 50 Tab., 183 Lit.

MAACK, R.

Kontinentaldrift und Geologie des südatlantischen Ozeans

Berlin: Verl. de Gruyter 1969. 164 S., 98 Abb., 353 Lit.

MARTYNOW, J. M.

Informationsverarbeitung in Datenübertragungssystemen

Moskau: Verl. Swjas 1969. 200 S., div. Abb., Lit.

...

Materialien über Geologie und nutzbare Bodenschätze des Ostens der UdSSR

Leningrad: Staatl. geol. Kom. SSSR 1964. 190 S., getr. Abb., Tab., Lit.

MOISSEENKO, F. S.

Bau und Entwicklung der Erdrinde der südlichen Gebirgseinfassung Sibiriens

Nowosibirsk: Verl. Nauka 1969. 205 S., 45 Abb., 11 Tab., 487 Lit.

...

Operationsforschung in der sozialistischen Wirtschaft mit bewährten Modellen aus der Praxis

Berlin: Dietz Verl. 1969. 939 S., getr. Abb., Tab., 14 S. Lit.

...

Origin and distribution of the elements

Oxford (usw.): Verl. Pergamon Press 1968. International series of monographs in earth sciences, vol. 30, 1178 S., getr. Abb., Tab., Lit.

...

Probleme der Mondgeologie

Moskau: Verl. Nauka 1969. 290 S., getr. Abb., Tab., Lit., 11 Karten u. Profile

Informationen

Der längste Kanal der Welt

Vor etwa 30 Jahren wurde von sowjetischen Geologen mit den Vorbereitungsarbeiten für den Karakumkanal in der Turkmenischen SSR begonnen. Heute hat dieser Kanal bereits eine Länge von ca. 900 km. Durch die herangeführten Wassermassen konnten 160000 ha Wüste urbar gemacht werden. Die Neulandgebiete am Ufer des Kanals liefern bereits heute u. a. 40% der Baumwollernte der turkmenischen Republik. Die Gesamtlänge des Karakumkanals, der bis zum Kaspischen Meer weitergeführt werden soll, wird 1400 km betragen.

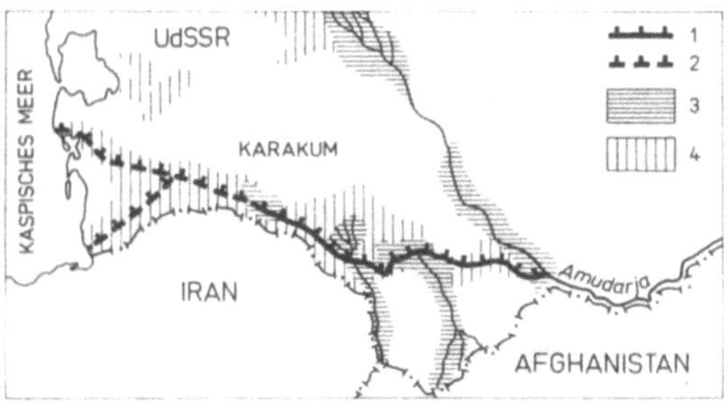

Abb. 1. Karakumkanal

1 – fertiggestellter Kanal, 2 – geplante Weiterführung, 3 – bewässerte Gebiete, 4 – für Bewässerung vorgesehene Gebiete

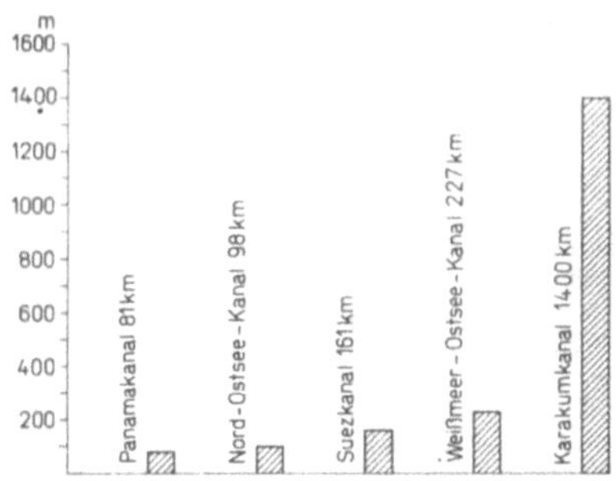

Abb. 2. Die längsten Seekanäle der Welt

Sowjetischer Erdgasexport nach Finnland

Die sowjetischen Erdgaslieferungen nach Finnland sollen Ende 1977 einsetzen. Mit dem Bau der Erdgasleitung aus dem Raume Leningrad nach Mittelfinnland wird im Jahre 1973 begonnen werden. Durch die 750 km lange Pipeline sollen 2,7 Mrd. m^3/a transportiert werden. 40% dieser Menge werden für Wärmekraftwerke, 50% für industrielle Zwecke und 10% für den zivilen Sektor Verwendung finden. Die geschätzten Baukosten für die Leitung betragen 60 bis 70 Mill. Dollar.

Eiweiß aus Erdgas

J. OVERBECK und M. NAGUIB vom Institut für Limnologie der Max-Planck-Gesellschaft in Plön (Holstein) haben eine Entdeckung gemacht, die ähnliche Bedeutung haben kann wie die Forschungsergebnisse von A. CHAMPAGNAT, der Mikroorganismen nachwies, die sich von paraffinischen Kohlenwasserstoffen aus dem Erdöl ernähren und diese im Verdauungsprozeß in Proteine und andere Stoffe umsetzen. OVERBECK und NAGUIB gelang es, Mikrobenstämme aus einem See bei Plön zu isolieren, die sich vom Methan des im See vorkommenden Sumpfgases ernähren und dieses oxydieren bzw. in Eiweiß umsetzen. Außerdem wurden auch Mikrostämme entdeckt, die Methanol oxydieren. Die Nutzung dieser Forschungsergebnisse könnte dazu führen, daß auf der Basis von Erdgaslagerstätten eine Eiweißproduktion größeren Ausmaßes entwickelt wird, die wesentlich zur tierischen und menschlichen Ernährung beitragen könnte.

Eisenerzvorkommen Ostsibiriens

Die bekannten Eisenerzreserven der UdSSR östlich des Baikalsees werden auf rd. 3 Mrd. t geschätzt. Die Stahlerzeugung dieses Gebietes hat sich in den letzten zehn Jahren verdoppelt. Durch neue Erweiterungsvorhaben soll der Osten der UdSSR von Stahlzulieferungen aus der übrigen UdSSR unabhängig gemacht werden. Die meistversprechenden Eisenerzvorkommen liegen in der Amur- und Schita-Region sowie bei Chabarowsk und südlich von Jakutsk, wo auch Kokskohlenvorkommen festgestellt wurden.

Erfolgreiche geologische Erkundung in der Mongolischen Volksrepublik

Neue Möglichkeiten für die geologischen Forschungen in der Mongolei boten sich nach dem Beitritt der Volksrepublik in den Rat für Gegenseitige Wirtschaftshilfe. Eine Expertengruppe der Mitgliedländer des RGW stellte die erforderlichen Untersuchungen an und arbeitete Vorschläge für die Grundrichtungen der gemeinsamen geologischen Arbeiten aus.

In den zurückliegenden Jahren wurden über 500 Minerallagerstätten erkundet, darunter von Kohle, Eisenerz, Nichteisenmetallen, seltenen Metallen und Edelmetallen. Damit wurde der Grundstein für eine intensive Entwicklung der Brennstoffindustrie und der Energiewirtschaft sowie einer Reihe anderer Volkswirtschaftszweige gelegt.

So wurden beispielsweise in 16 von 18 Aimaks Kohlevorkommen entdeckt. Die reichsten Vorkommen sind die von Tabun-Tolgoi, Scharyn-Gol und Nalaicha. Insgesamt werden die erkundeten Kohlevorkommen der Mongolei gegenwärtig auf 15 Milliarden Tonnen geschätzt.

Entsprechend einer Empfehlung des RGW wird intensiv an der Erkundung von Zinnvorkommen gearbeitet.

Im Aimak Bulgan wurden die Schürfarbeiten an einer der größten Kupferlagerstätten abgeschlossen. Im Osten der MVR wurden Vorkommen von Flußspat bester Qualität und im Nordwesten große Phosphoritlagerstätten erkundet.

Sowjetische Geologen helfen in Afrika

Große Hilfe bei der Erschließung der Naturreichtümer gewähren die sowjetischen Geologen den jungen afrikanischen Staaten. In diesen Ländern haben sowjetische Geologen ungefähr 112 Vorkommen von 48 verschiedenen mineralischen Lagerstätten entdeckt und erkundet – davon 3 Erdöl-, 7 Eisenerz-, 4 Mangan-, 15 Gold-, 3 Phosphor-, 3 Phosphorit- und 15 Diamantvorkommen sowie 18 Kupfer- und Blei–Zink-Erzlagerstätten und 2 Bauxitlagerstätten.

In Algerien wurden unter Mitwirkung sowjetischer Geologen zwei große Quecksilbervorkommen entdeckt und erkundet, und die Erkundung der Polymetallvorkommen von Djebel Ischmul ist abgeschlossen worden. Weiterhin wird ein Vertrag mit Algerien vorbereitet, der geologische Untersuchungen auf dem gesamten Gebiet des Landes vorsieht und Lieferungen verschiedener Ausrüstungen mit einschließt. Noch in diesem Jahr werden sowjetische Geologen in Tansania nach NE-Metallen und in Senegal nach Gold schürfen.

In Guinea ist ein Bauxitvorkommen zu untersuchen. Ferner steht die Sowjetunion mit dem Sudan in Verhandlungen über einen Vertragsentwurf zur Durchführung geologischer Erkundungsarbeiten.

Kürzlich wurde eine Vereinbarung mit der VAR über die Suche von NE- und seltenen Metallen abgeschlossen. In Marokko hat eine Gruppe sowjetischer Fachleute Empfehlungen zur Bewertung der Perspektiven der Erdöl- und Erdgashaltigkeit des Landes vorbereitet und wissenschaftlich begründete Richtungen für die weiteren geologischen Arbeiten zur Erkundung von Erdöl und Erdgas festgelegt. In Senegal haben sowjetische Geologen, die sich an der Realisierung eines UNO-Projekts beteiligen, Diamant- und Goldvorkommen und andere Lagerstätten entdeckt. In Mali wurden mit Hilfe sowjetischer Spezialisten primäre Lagerstätten und Seifenlagerstätten von Gold, große Vorkommen hochwertiger Eisenerze, Zemente und Baustoffe entdeckt und erkundet. Von besonders großer Bedeutung für Mali ist die Entdeckung von Süßwasservorräten in der Sahara und in anderen wasserlosen Gebieten.

Sowjetische Forschungen in der Antarktis

Aus einem Bericht sowjetischer Wissenschaftler über die Antarktis geht hervor, daß der sechste Kontinent eine Gesamtfläche von 14000 Quadratkilometern hat. Er ist eine große Gletscherkuppel, an mehreren Stellen von Berggipfeln durchbrochen. Teilweise erreicht die Eiskappe eine Dicke von fast 4,5 Kilometern. Würde dieses Eis schmelzen, so stiege der Meeresspiegel um 56 Meter.

Beobachtungen in der Nähe des geomagnetischen Pols haben zur Ermittlung der Schwankungsgesetze des geomagnetischen Feldes geführt und sagen aus, welchen Einfluß es auf die Struktur der Ionosphäre ausübt und wie aktiv das Polarlicht sowie andere Erscheinungen in den oberen Schichten der Atmosphäre und in den Grenzbereichen des Kosmos auftreten.

Tiefbohrungen zur Erforschung des Erdinnern ermöglichen, an Eisproben atmosphärische (und sogar kosmische) Erscheinungen festzustellen, die auf eine weit zurückliegende Vergangenheit hindeuten. Auch die Gewinnung von Bodenschätzen erscheint künftig möglich. Tiefensondierungen Leningrader Geophysiker im Gebiet der Station Nowolasarewskaja haben ergeben, daß die Erdrinde in dieser Gegend aus einer Basaltschicht von rund 11 Kilometern Stärke und einer Granitmächtigkeit zwischen 18 und 28 Kilometern besteht.

„Unterwassergeologe"

Ein ferngesteuertes System zur Entnahme von Gesteinsproben vom Meeresgrund wurde in der Sowjetunion entwickelt und jetzt erfolgreich erprobt. Es besteht aus einer Fernsehkamera, einem Automatikblock und zwei Manipulatoren. Mit hydraulichem Antrieb arbeiten diese wie natürliche Hände. Über eine Kabelverbindung zum Forschungsschiff werden die Impulse zur Steuerung der Manipulatoren geleitet und Fernsehsendungen empfangen.

Der „Unterwassergeologe" wiegt 500 kp — im Wasser 200 — und ist für Teufen bis 4000 m bestimmt. Mit ihm kann die Präzision der Forschungsarbeit erheblich erhöht werden, da nun die Grundproben aus großen Tiefen gezielt entnommen werden können.

Abteufen von Schächten mit großem Querschnitt

Beim Bau des Nurek-Wasserkraftwerkes am Wachsch in den tadshikischen Bergen wird eine ungewöhnliche Methode angewandt. Hier müssen in den Felsen 23 senkrechte Schächte von 8 bis 20 m Durchmesser 130 m tief gebohrt werden. Sowjetische Fachleute wollen dieses Vorhaben mit den technischen Einrichtungen ausführen, die bisher nur für Schächte kleineren Durchmessers angewandt wurden. Im Granit wird zunächst nur eine Bohrung bis zur erforderlichen Tiefe niedergebracht und dann durch kleinere Sprengungen auf den erforderlichen Durchmesser erweitert. Das abgesprengte Gestein wird mit Hilfe eines starken Wasserstrahls in einen horizontalen Stollen befördert und von dort abtransportiert.

Südpol früher in der Sahara

Eine polnische Expedition kam nach einem vierwöchigen Aufenthalt in der Sahara zu dem Ergebnis, daß das Gebiet der Ahaggar-Berge in der algerischen Sahara vor 450 Millionen Jahren den geographischen Südpol der Erde bildete. Die zentrale Sahara trug zu dieser Zeit einen Eispanzer. Die Expedition war vom algerischen Geologischen Institut organisiert worden. Forscher aus der UdSSR, Frankreich, den USA, Schweden und Großbritannien hatten an der Expedition teilgenommen.

Kurznachrichten

Für eine neue **Erdölbohrung** in der **Wolga** ist das bisher übliche zusammengeschraubte Bohrgestänge durch ein elastisches Rohr ersetzt worden. Es kann für das Auswechseln des Bohrmeißels leicht auf eine Trommel gewickelt werden. Die Bohrung soll eine Teufe von 3500 m erreichen.

Der Bedarf an **Erdöl** wird sich 1970 in der VR **Bulgarien** auf 9,5 Mill. t, 1975 auf etwa 16 Mill. t und 1980 auf 23—24 Mill. t steigern. 1980 sollen 48—50% des bulgarischen Bedarfs an Primärenergie auf Erdöl entfallen.

Ein neues Zentrum der Erdölindustrie soll in der Stadt Buzau in der **SR Rumänien** entstehen. In der Nähe der Stadt wurden 1969 neue **Erdöllagerstätten** erschlossen, deren Ausbeute man von Buzau aus leiten wird.

Von den Raffinerien in **Westdeutschland** wurden 1969 97 Mill. t **Erdöl** verarbeitet. Zur Versorgung der Werke konnten davon 75,7 Mill. t durch Pipelines befördert werden.

In der Demokratischen Republik **Vietnam** begann mit Unterstützung der UdSSR die Niederbringung einer tiefen **Erdölerkundungsbohrung.**

Die **Erdölförderung Indonesiens** hat für den Fernen Osten erhebliche Bedeutung. Die Erschließung neuer Land- und Meeresölfelder soll bis 1972 eine Ausbeute von rd. 1,5 Mill. B/d erbringen.

Nach einem Arbeitsprogramm der staatlichen Erdölbetriebe **Argentiniens** soll die **Erdölförderung** 1970 auf 22,1 Mill. m³, 1971 auf 26,4 Mill. m³, 1972 auf 26,8 Mill. m³, 1973 auf 27,9 Mill. m³ und 1974 auf 28,9 Mill. m³ gesteigert werden. Dazu sollen die Erkundungsbohrungen von derzeit 80 auf 90 je Jahr erhöht werden.

Die Suchbohrung Maui 1, die 35 km vor der Küste der Taranaki-Bucht im Tasmanischen Meer liegt, hat als erste Meerestiefbohrung **Neuseelands Erdöl** angetroffen.

Sowjetische Hilfe bei **Offshore-Bohrungen** im Golf von Kamboy **(Indien)** wurde in einem Vertrag vereinbart. Indische Ingenieure werden zu diesem Zweck in der Sowjetunion ausgebildet. 1970 soll noch mit den eigentlichen Bohrarbeiten begonnen werden.

Ein nicht unbedeutender Kostenfaktor bei der Erdölgewinnung ist die **Ergiebigkeit der Sonden.** Im Iran stammen 96% der Gesamtausbeute, in Irak 93%, in Saudi-Arabien 82%, in Libyen 51% aus Sonden mit einer Durchschnittsförderung von über 5000 B/d.

Auf der Basis von bereits vorliegenden Vorausberechnungen einzelner Länder und anderen Ermittlungen ist für 1970 in der ganzen **Welt** mit einer **Stahlproduktion** von 575 Mill. t zu rechnen.

Im Jahre **1975** wird der **Fluoritbedarf** in der **Welt** 5 Mill. t betragen und ist folgendermaßen auf die Hauptanwendungsgebiete (in 1000 t) aufgeteilt: Stahlindustrie 1850, Aluminiumerzeugung 1050, chemische Industrie 1750, keramische Industrie u. a. 350.

Eine **neue geologische Karte der Sowjetunion** im Maßstab 1 : 2500000 hat kürzlich das Allunionsinstitut für Geologie in Leningrad herausgebracht. Die Karte spiegelt die geologischen Besonderheiten des Territoriums ohne die Deckschicht der quartären Lockergesteine wider. Die Karte hat eine Gesamtfläche von 7,5 m².

Sowjetische Geologen haben festgestellt, daß sich die **Schwarzmeerküste** am Fuße des Kaukasus jährlich um drei bis fünfeinhalb Millimeter senkt. Da der Boden gleichmäßig absinkt, wird damit gerechnet, daß das jetzige Küstengebiet nach etwa 2000 Jahren sechs bis elf Meter unter Wasser liegt.

Ein Vertrag zwischen der UdSSR und **Kuba** sieht vor, daß die Inselrepublik sechs moderne **Bohranlagen** erhält, die Teufen bis zu 5000 m erreichen können.

In den nächsten Heften

der

Zeitschrift für angewandte Geologie

erscheinen u. a. folgende Beiträge

R. Schubert & W. Steiner: Der Thüringer Dachschiefer, seine gesteinstechnischen Eigenschaften und seine Verwendung als Werk- und Dekorationsstein

I. G. Chanowitsch u. a.: Über eine Methode der Auswertung von Zahlengesamtheiten zur Untersuchung des Profilbaus von Sedimentgesteinen

W. F. Dunajew & A. A. Kosoresow: Über die Verbindung der Aufgaben der seismischen Erkundung und des Erkundungsbohrens

I. W. Nasarow: Einige methodische Fragen der Anwendung der Mathematik in der Geologie

S. A. Mowsesjan: Grundzüge des geologischen Baues Armeniens und seiner mineralischen Ressourcen

R. Rösler & G. Zscherpe: Die Bestimmung des spezifischen elektrischen Widerstandes von Braunkohlen im Labor zur Korrelation mit technologischen Eigenschaften

G. Schwokowski: Inklinometermessungen und ihre Bedeutung für die Standsicherheitsuntersuchung von Böschungen

H. J. Voigt: Die Anreicherungsbedingungen von Brom in den unterirdischen Solen am Beispiel der hochmineralisierten Solen des Angara-Lena-Beckens

H. Thiergärtner & C. D. Werner: Einsatz elektronischer Rechenautomaten bei der quantitativen Elementbestimmung in geochemischen Laboratorien

W. C. Chain: Vollzieht sich in der Geologie eine wissenschaftliche Revolution?

G. G. Sarkisjan: Die ökonomische Effektivität der Erkundung von Erzlagerstätten mittels horizontaler Bohrungen von großer Erstreckung

E. M. Us: Die Effektivität geologischer Erkundungsarbeiten auf Erdgas und die Abbauvorbereitung der tieflagernden Gaskondensatlager im Gebiet von Krasnodar

F. I. Kotjachow u. a.: Die Speichereigenschaften der karbonatischen Gesteine des Woronesh-Horizonts auf der Erdöllagerstätte Retschiza

ABHANDLUNGEN

des Zentralen Geologischen Instituts

Zuletzt erschienen

Heft 8

H. Döring, W. Krutzsch, D. H. Mai, E. Schulz

Erläuterungen zu den sporenstratigraphischen Tabellen vom Zechstein bis zum Oligozän

1966 — 149 Seiten — 8 Anlagen-Tabellen — Halbleinen M 15,—

Heft 9

Instruktion für die Anfertigung einheitlicher ingenieurgeologischer Grundkarten

1967 — VIII und 35 Seiten — Farb- und Zeichenerklärung — 9 Anlagen — Halbleinen M 15,—

Heft 10

Klimaänderungen im Tertiär aus paläobotanischer Sicht

1967 — LII und 228 Seiten — 28 Abbildungen — 11 Bildtafeln — Halbleinen M 30,—

Heft 11

H. Kästner

Zur Geologie der Kalisalz- und Kohlensäurelagerstätten im südlichen Werra-Kaligebiet

1969 — XI und 96 Seiten — 23 Abbildungen — 2 Tabellen — Halbleinen M 25,—

Heft 13

P. Puff

Über den Unteren Buntsandstein am Südrand des Thüringer Beckens

1969 — VII und 97 Seiten — 25 Abbildungen — 13 Tabellen Halbleinen M 25,—

Heft 14

Engineering-Geological Mapping in the Countries of the Council of Mutual Economic Aid

1968 — X und 148 Seiten — 28 Abbildungen — 6 Tabellen — 10 Anlagen — Halbleinen M 30,—

Heft 16

H. Lange, C. Schröter

Bibliographie der geologischen Wissenschaften für die Deutsche Demokratische Republik, Veröffentlichungen des Jahres 1967

1969 — 279 Seiten — Halbleinen M 40,—

In Vorbereitung befinden sich

Heft 15

H. Pfeiffer

Stratigraphisches Korrelationsschema für das Dinant der Deutschen Demokratischen Republik

Heft 17

C. Adam

Beiträge zur Kenntnis der Kaoline und Tertiärtone in Nordostsachsen

Bestellungen nimmt die Vertriebsstelle des Zentralen Geologischen Instituts, 104 Berlin, Invalidenstraße 44, entgegen.

Herausgeber: Zentrales Geologisches Institut im Auftrag des Staatssekretariats für Geologie beim Ministerrat der Deutschen Demokratischen Republik. Für die kollektive Chefredaktion: Dr. K. Kauter (Redaktionssekretär), Berlin. Redaktion: 1054 Berlin, Zionskirchstraße 34 (Fernsprecher 426001). Verlag: Akademie-Verlag GmbH, 108 Berlin, Leipziger Straße 3—4 (Fernsprecher 220441, Telex 0112020, Postscheckkonto: Berlin 35021). Bestellnummer des Heftes 1047/16/9/10. Alleinige Anzeigenannahme DEWAG-WERBUNG, 102 Berlin, Rosenthaler Str. 28—31, und alle DEWAG-Betriebe in den Bezirksstädten der DDR. Die „Zeitschrift für angewandte Geologie" erscheint monatlich. Exportpreis: 6,— M, Sonderpreis für die DDR: 2,— M je Heft. — Satz und Druck: VEB Druckhaus „Maxim Gorki", 74 Altenburg. Veröffentlicht unter der Lizenznummer 1279 des Presseamtes beim Vorsitzenden des Ministerrates der Deutschen Demokratischen Republik, Kartengenehmigung Nr. 431/70 und 539/70.

34114

GRANITPROBLEME

Von Prof. Dr. FRIEDRICH KARL DRESCHER-KADEN

1969. 586 Seiten, 481 Abbildungen, 3 Tabellen, 1 Falttaf., gr. 8° Lederin M 110,–
Bestell-Nr. 5625

Der Rahmen einer Darstellung des „Granitproblems" ist begrenzt. Er kann immer nur eine Auswahl von Einzelproblemen umfassen, die einem speziellen Fragenkomplex angehören. Im „Granitproblem" schlechthin treffen sich Transformisten und Magmatiker, und von ihm als Zentralpunkt ausgehend ergeben sich so zahlreiche Beziehungen zu den anderen metamorphen Gesteinstypen, daß sich die erforderliche Beschränkung von selbst einstellt.
Im folgenden werden Beobachtungen auf Möglichkeiten ihrer Deutung geprüft und gezogene Schlußfolgerungen kritisch gewertet. Es ergibt sich dabei die überraschende Tatsache, daß selbst Erscheinungen, die jahrelang von der überwiegenden Zahl der Forscher als einheitlich und nur auf eine Weise deutbar angesehen wurden, sich als komplex und auf verschiedene Weise begründbar erweisen und damit eines endgültigen Entscheides auf Grund neuer Untersuchungen bedürfen.
Die mitgeteilten Beobachtungen zeigen den Granitisierungsprozeß als einen Vorgang, der vom stofflichen und energetischen Zustand der betroffenen Gesteine selbst abhängig ist. Damit fällt der größte Teil der zur primären Granitisierung führenden Ereignisse nicht einem aus der Tiefe herangeführten, in einem anderen Bereich entstandenen, also ortsfremden Magma zur Last; das granitisierte Gestein ist vielmehr in seinem ganzen Massen- und Energiebestand für das bei der Umformung aus ihm entstehende Produkt in erster Linie auf sich selbst angewiesen.
Es gibt eine große Reihe von Beispielen aus verschiedensten Teilgebieten granitischer Bildungsvorgänge, die den dargestellten Tatbestand der Genese eines Primärgranits erfüllen. Eine Auswahl solcher Einzelbeispiele wird in diesem Band behandelt und in ihrer Brauchbarkeit für die Deutung genetischer Vorgänge untersucht.

Bestellungen durch eine Buchhandlung erbeten

AKADEMIE-VERLAG · BERLIN

Bei Fragen zur Produktsicherheit wenden Sie sich bitte an:
If you have any questions regarding product safety, please contact:

Walter de Gruyter GmbH
Genthiner Straße 13
10785 Berlin
productsafety@degruyterbrill.com